黎皓天　陈益凯　杨仕文／著

空时调制理论及其阵列天线工程应用

Space-Time Modulation Theory and Applications in Antenna Array Engineering

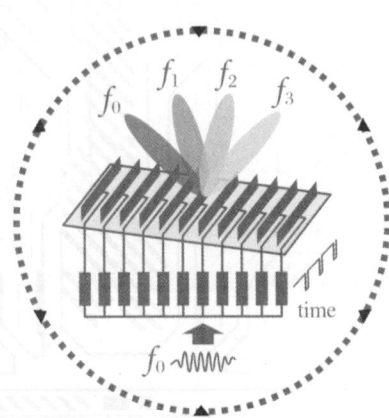

University of Electronic Science and Technology of China Press

·成都·

图书在版编目(CIP)数据

空时调制理论及其阵列天线工程应用 / 黎皓天，陈益凯，杨仕文著. -- 成都：成都电子科大出版社，2025. 3. -- ISBN 978-7-5770-1330-5

Ⅰ. TN82

中国国家版本馆 CIP 数据核字第 2024L6C688 号

空时调制理论及其阵列天线工程应用
KONGSHI TIAOZHI LILUN JI QI ZHENLIE TIANXIAN GONGCHENG YINGYONG

黎皓天　陈益凯　杨仕文　著

出 品 人	田　江
策划统筹	杜　倩
策划编辑	陈姝芳
责任编辑	陈姝芳
责任设计	李　倩　陈姝芳
责任校对	唐　宁
责任印制	梁　硕

出版发行	电子科技大学出版社
	成都市一环路东一段159号电子信息产业大厦九楼　邮编 610051
主　　页	www.uestcp.com.cn
服务电话	028-83203399
邮购电话	028-83201495

印　　刷	成都久之印刷有限公司
成品尺寸	170 mm×240 mm
印　　张	13
字　　数	200千字
版　　次	2025年3月第1版
印　　次	2025年3月第1次印刷
书　　号	ISBN 978-7-5770-1330-5
定　　价	80.00元

版权所有，侵权必究

当前，我们正置身于一个前所未有的变革时代，新一轮科技革命和产业变革深入发展，科技的迅猛发展如同破晓的曙光，照亮了人类前行的道路。科技创新已经成为国际战略博弈的主要战场。习近平总书记深刻指出："加快实现高水平科技自立自强，是推动高质量发展的必由之路。"这一重要论断，不仅为我国科技事业发展指明了方向，也激励着每一位科技工作者勇攀高峰、不断前行。

博士研究生教育是国民教育的最高层次，在人才培养和科学研究中发挥着举足轻重的作用，是国家科技创新体系的重要支撑。博士研究生是学科建设和发展的生力军，他们通过深入研究和探索，不断推动学科理论和技术进步。博士论文则是博士学术水平的重要标志性成果，反映了博士研究生的培养水平，具有显著的创新性和前沿性。

由电子科技大学出版社推出的"博士论丛"图书，汇集多学科精英之作，其中《基于时间反演电磁成像的无源互调源定位方法研究》等28篇佳作荣获中国电子学会、中国光学工程学会、中国仪器仪表学会等国家级学会以及电子科技大学的优秀博士论文的殊誉。这些著作理论创新与实践突破并重，微观探秘与宏观解析交织，不仅拓宽了认知边界，也为相关科学技术难题提供了新解。"博士论丛"的出版必将促进优秀学术成果的传播与交流，为创新型人才的培养提供支撑，进一步推动博士教育迈向新高。

青年是国家的未来和民族的希望，青年科技工作者是科技创新的生力军和中坚力量。我也是从一名青年科技工作者成长起来的，希望"博士论丛"的青年学者们再接再厉。我愿此论丛成为青年学者心中之光，照亮科研之路，激励后辈勇攀高峰，为加快建成科技强国贡献力量！

中国工程院院士

2024 年 12 月

前 言
PREFACE

阵列天线作为现代无线电子信息系统的核心组件，具有高增益、低副瓣、波束灵活扫描、波束任意赋形等突出优势，广泛应用于相控阵雷达、无线通信、卫星导航、电子侦察与对抗等领域。传统相控阵天线仅能从空域调控电磁辐射，其调控自由度不足而引起的波束调控精度低、系统复杂度高、成本高等问题，已经成为阻碍无线电子技术进步的关键瓶颈。空时调制理论是一种将"时间"视为额外的调控自由度的阵列天线电磁辐射控制理论。得益于辐射控制自由度的提升，基于空时调制理论的阵列天线能够实现电磁辐射的空-时-频一体化调控，在提高波束调控能力和系统应用性能等方面具有广阔的应用前景。

关于空时调制理论及阵列天线的研究最早可追溯到19世纪末，然而，受制于计算机及射频开关器件的发展水平，直到21世纪初，这方面的研究才引起学术界的广泛关注。经过二十余年的发展，这方面的研究已经产出较多有价值的成果，但在波束高精度扫描与边带高效抑制、系统应用集成等方面仍然存在诸多不足。针对上述问题，本书系统性地介绍了笔者近年来在高精度幅相一体化调控、空时伪随机调制、物理层无线安全通信等技术领域取得的研究成果，并从理论原理、分析方法、器件实现和系统应用等层面阐述了空时调制理论和技术体系。

全书共分为六章：第一章是绪论，介绍了空时调制理论及其阵列天线技术的研究现状、发展瓶颈以及本书的主要工作等内容；第二章和第三章分别介绍了基于空时调制理论的阵列天线高精度幅相一体化调控技术、高效率相位调制技术及其阵列应用，解决了现有周期调制波束扫描研究广泛存在的边带辐射抑制、效率和非理想特性建模等难题；第四章针对周期调制阵列中边带电平对优化算法和调制模块的复杂度的严重依赖问题，探讨了基于空时伪随机调制的阵列天线电磁辐射调控技术；第五章针对无线通信面临的安全性、波束扫描及效率三大问题，对前述章节关于波束调控的创新性研究进行进一步的整合和拓展，介绍了空时调制阵列在无线保密通信领域的应用基础研究工作；第六章对本书的研究工作进行了总结。

本书反映了国际天线领域对空时调制理论及其阵列应用的最新研究动向、研究方法和研究成果，在理论体系、方法与应用技术上均有创新。本书不仅可供电磁场与微波相关领域的研究人员和工程技术人员使用，还可作为电磁场与微波技术、信息与通信工程等相关专业师生的参考用书。

本书的出版得到了国家自然科学基金委项目(Grant62401122, Grant U23A20289, Grant-62431007)、中国博士后科学基金会项目(Grant BX20230062, Grant-2023M740506)、四川省青年基金项目（Grant 2025ZNSFSC1434）的资助，以及电子科技大学和电子科技大学出版社的支持。此外，在本书的编写过程中，笔者得到了众多专家学者的帮助，谨在本书出版之际，向他们的辛勤付出表示衷心的感谢！

鉴于笔者学识有限，书中难免存在疏漏之处，敬请读者批评指正，提出宝贵意见。笔者企盼本书起到抛砖引玉的作用，启发更多学者作出更有价值的贡献。

笔 者

2025年1月

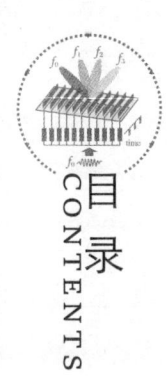

目录

- 第一章　绪论　1
  - 1.1　研究背景及意义　1
    - 1.1.1　波束调控精度问题　2
    - 1.1.2　成本和复杂度问题　3
    - 1.1.3　波束扫描速度和波束形状捷变能力不足　5
    - 1.1.4　多域交叉融合能力不足　5
  - 1.2　空时调制理论的概念、内涵及具体实现途径　7
  - 1.3　国内外研究历史、现状及挑战　10
    - 1.3.1　空时调制阵列天线的研究历史　10
    - 1.3.2　空时调制阵列天线的研究现状　12
    - 1.3.3　空时调制阵列天线的发展瓶颈　22
  - 1.4　本书的主要贡献与创新　24

- 第二章　基于空时调制理论的阵列天线高精度幅相一体化调控技术　26
  - 2.1　引言　26
  - 2.2　基于空时调制理论的幅相一体化调控数学基础　28
    - 2.2.1　周期"0/+1/-1"调制理论　28
    - 2.2.2　调制效率的定义与数学表征方法　31
  - 2.3　多支路幅相一体化调控理论及其波束形成方法研究　33
    - 2.3.1　多支路幅相一体化调控理论　34
    - 2.3.2　基于MOEA/D算法的波束形成方法　38
    - 2.3.3　基于四支路结构的幅相一体化调控及其阵列应用　39

2.4	幅相一体化调控的器件级非理想特性建模研究	46
	2.4.1 非理想特性成因及建模方法	47
	2.4.2 射频通道内幅相调控量的测量方法	53
	2.4.3 X波段幅相一体化调制模块研制	54
	2.4.4 非理想模型的实验验证	57
2.5	本章小结	60

第三章 基于空时调制理论的高效率相位调制技术及其阵列应用   61

3.1	引言	61
3.2	递增相位调制理论及其波束扫描方法研究	63
	3.2.1 递增相位调制理论	63
	3.2.2 基于递增相位调制的波束扫描方法	66
	3.2.3 基于空时相位调制的Ku波段阵列原理样机研制	66
	3.2.4 数值仿真与实验验证	71
3.3	递增相位调制的阵列级非理想特性建模研究	76
	3.3.1 非理想特性建模方法	77
	3.3.2 非理想特性建模过程	79
	3.3.3 数值仿真与实验验证	82
3.4	本章小结	84

第四章 基于空时伪随机调制的阵列天线辐射调控技术   85

4.1	引言	85
4.2	基于空时伪随机调制的边带辐射抑制数学原理	87

4.3 基于孔径插值的空时幅度调制阵列及其波束形成方法 89
  4.3.1 幅控波束扫描理论及其激励设计方法 90
  4.3.2 基于孔径插值的伪随机幅度调制理论 96
  4.3.3 调制状态的正向设计方法 99
  4.3.4 数值仿真 100
  4.3.5 X波段16单元阵列样机研制及实验验证 108
4.4 伪随机相位-幅度联合调制理论及其波束形成方法研究 114
  4.4.1 伪随机相位-幅度联合调制理论 115
  4.4.2 基于伪随机相位-幅度联合调制的波束形成方法 118
  4.4.3 Ku波段64单元阵列波束扫描数值仿真 121
  4.4.4 Ku波段64单元阵列波束扫描实验验证 128
4.5 本章小结 131

第五章 空时调制阵列在无线保密通信领域的应用基础研究 133

5.1 引言 133
5.2 基于伪随机切换型相位调制的方向调制应用 135
  5.2.1 基于空时调制阵列的方向调制理论模型 136
  5.2.2 基于差分进化算法的时序最优化设计策略 140
  5.2.3 Ku波段QPSK信号传输数值仿真 143
  5.2.4 Ku波段QPSK信号传输实验验证 148
5.3 基于混沌相位调制的无线保密通信应用 152
  5.3.1 一维Logistic混沌映射 153

5.3.2 适用于保密通信的混沌相位调制理论	156
5.3.3 混沌相位调制时序的设计方法	160
5.3.4 数值仿真	162
5.3.5 实验验证	170
5.4 本章小结	175

- **第六章　总结与展望** 176
  - 6.1 总结 176
  - 6.2 展望 178

- **参考文献** 181

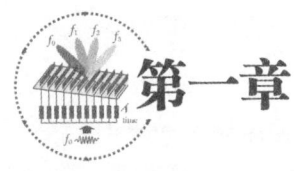

第一章

绪 论

1.1 研究背景及意义

19世纪60年代，詹姆斯·克拉克·麦克斯韦（James Clerk Maxwell）创立的以麦克斯韦（Maxwell）方程组为核心的电磁理论，深刻揭示了宏观电磁现象中电磁相互作用的统一关系。自此以后，无数先驱学者开展了以电磁波为载体的无线电技术研究，揭开了无线通信发展的序幕。一百多年后的今天，无线电技术已经由单一的无线通信演变为涵盖通信、雷达、侦察、对抗等功能的多元化应用。面对日趋复杂的电磁环境，各类无线电子系统对辐射性能的要求也越来越苛刻。天线作为无线电子系统最核心的部件之一，承担着电磁波由导行波系统到自由空间相互转换的任务，是实现电磁辐射的重要装置[1]。众多工程实践表明，无线电子系统性能的提升很大程度上取决于天线理论与技术的进步。由多个天线单元按照一定的排列方式组成的阵列天线，具有实现高增益、低副瓣、波束扫描、波束任意赋形等突出优势，广泛应用于各类无线电子系统，其研究也一直是天线领域的热点[2-4]。

根据波束扫描的实现途径，阵列天线可分为机械扫描式和电控扫描式两种[5]。机械扫描式阵列天线依靠整个天线系统或某一部分的机械运动来实现波束扫描，具有结构简单、成本低等优势。然而，由于机械运动的惯性大，机械扫描式阵列天线普遍存在扫描精度低、切换速度慢等缺陷[6]。近年来，机载雷达、深空探测、洲际导弹、卫星通信等的出现，要求阵列天线不仅具有高增益、窄波束性能，而且具有口径可重构特性。上述性能难以通过机械扫描式阵列天线同时满足。在此背景下，电控扫描式的相控阵天线成为目前各类先进无线电子系统的普遍选择。例如，图1-1展示了美国F-22战斗机的机载有源相控阵雷达AN/APG-77[7]。近年来，随着集成电路、微波毫米波技术的发展，相控阵天线在系统架构、器件实现等方面不断革新[8]。然而，有关相控阵天线的辐射控制理论和方法还一直停留在其诞生初期[9]。面对日趋复杂的电磁环境，传统相控阵天线至少面临以下严峻挑战。

图1-1　美国F-22战斗机的机载有源相控阵雷达AN/APG-77

1.1.1　波束调控精度问题

阵列天线高精度的波束调控能力是现代无线通信及雷达系统的必然要求。传统相控阵大多采用数字移相器控制天线单元的相位，而由数字衰减器实现幅度控制。然而，数字式调控器件不可避免地存在量化误差，导致辐射方向图波束指向误差或副瓣电平（sidelobe level，SLL）抬升[9-11]，从而造成无线电子系统的性能下降。例如，在大型相控阵雷达应用中，一方面，数字移相器固有的相位调控误差会导致雷达波束指向偏差，使得雷达的作用距离和探测精度下降[6]。另一方面，为了提高雷达的抗干扰能力，需要对雷达波束进行低副瓣甚至是超低副瓣设计。而在实际应用中，阵列天线单元互耦、截断效应以及随机误差等非理想因素都会引起副瓣电平的抬升。为了补偿上述非理想因素造成的不利影响，要求雷达系统的幅相调控器件具备精细的幅相控制功能。显然，数字调控器件的固有量化误差限制了其幅相调控精度，使得低副瓣、超低副瓣波束赋形颇具挑战。

1.1.2 成本和复杂度问题

理论上，数字式幅相控制器件的量化误差会随着数字控制位数的增加而减小。然而，高位数的移相器、衰减器电路意味着成本的显著提高。目前，应用于有源相控阵的数字移相器、衰减器的位数普遍高于5位，且大多集成在收发（transmitter and receiver，T/R）组件中[12-15]。而T/R组件通常由单片微波集成电路（monolithic microwave integrated circuit，MMIC）工艺或混合微波集成电路（hybrid microwave integrated circuit，HMIC）工艺制成。例如，图1-2展示了韩国光云大学于2018年采用MMIC工艺研制的Ka波段T/R芯片[16]。通常，由MMIC或HMIC工艺实现的T/R组件的成本与芯片尺寸呈正相关，而高位数的移相器、衰减器电路拓扑结构复杂，导致T/R芯片的尺寸增大，使得T/R组件的成本提高。考虑到T/R组件广泛存在于每一个射频通道，这使得相控阵天线的成本控制成为挑战。

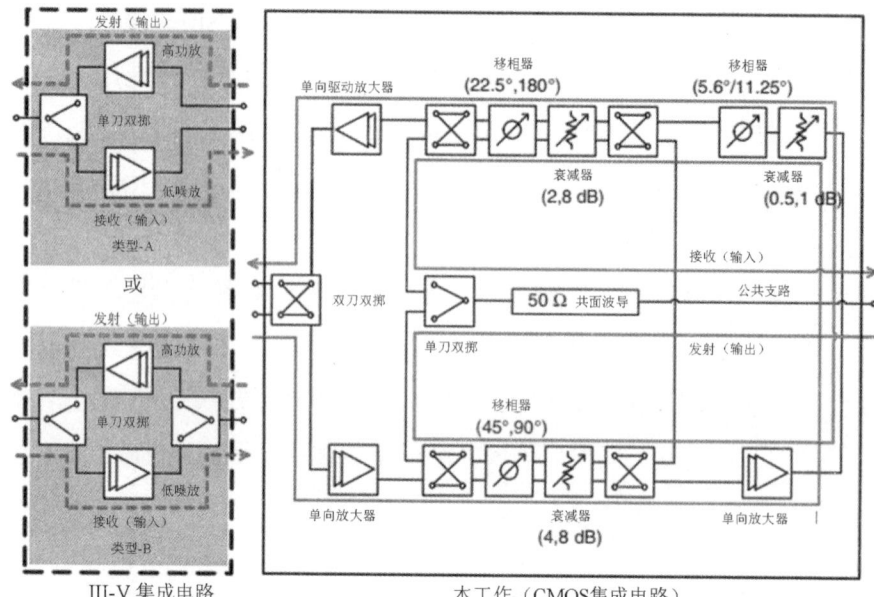

(a) 原理图

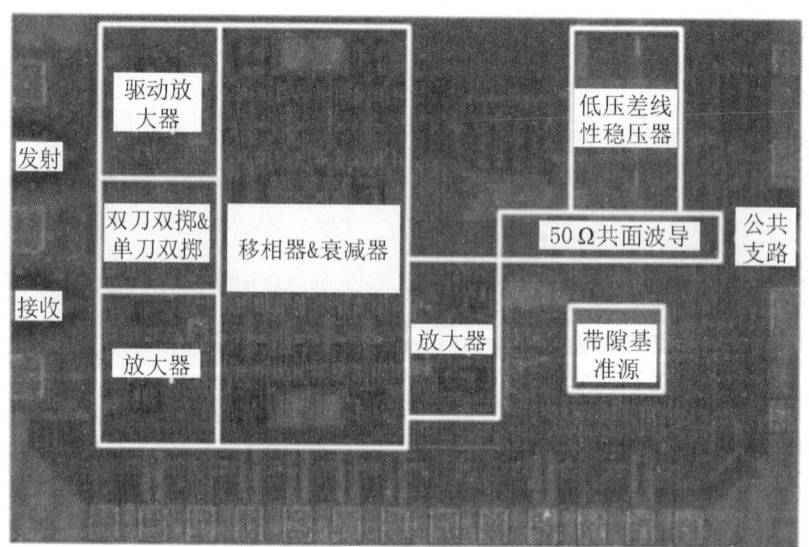

(b) 实物图

图1-2 韩国光云大学于2018年采用MMIC工艺研制的Ka波段T/R芯片

1.1.3 波束扫描速度和波束形状捷变能力不足

为了满足日益增长的低时延、自适应空间滤波、空时自适应处理等需求，如今的无线电子系统往往要求纳秒级甚至是皮秒级的波束切换能力。由于广泛采用的数字移相器、衰减器的位数普遍较高，系统的波束控制线路数十分庞大。在工程应用中，考虑到波束控制的可实现性问题，通常采用串并转换思路减少每个天线单元控制线的数量。然而，串并转换会降低幅相调控器件对数字控制信号的响应速度，从而影响波束切换速度。

1.1.4 多域交叉融合能力不足

从相控阵技术的发展历史来看，相控阵天线已经从最初的无源体制发展到如今的有源体制，并逐步呈现出数字化发展态势[8]。经过这一历程，相控阵天线的设计自由度逐步提升，实现的电磁辐射调控功能也逐渐增强。数字波束形成具有单元级的数字信号处理和信号收发能力，理论上在应对各类复杂电磁辐射调控问题方面更具优势[17]。然而，在工程实现层面，数字域灵活的调控能力不能直接作用于射频域，辐射调控不可避免地涉及射频域与数字域之间的相互转换过程，必须在每个天线单元采用数模转换器（digital-to-analog converter，DAC）。DAC的大量使用不仅导致系统功耗的显著提升[18-19]，也会导致传输信号的采样失真，使得调控性能远低于预期。为了解决上述问题，必须寻求数字域单元级调控直接作用于射频通道的有效实现手段，这就要求阵列天线在设计时深度融合天线层、射频电路层和信号处理层。遗憾的是，目前相控阵天线的信号处理组件、射频组件、天线组件在功能上相互独立，缺乏从多域交叉融合的角度实现一体化设计的理念，这阻碍了电磁辐射调控技术朝着更高性能的方向发展。

综上所述，相控阵天线已经在通信、雷达、对抗等众多无线电子系统中得到了广泛应用。然而，面对日趋复杂的电磁环境，传统相控阵天线在波束调控精度、波束扫描速度、波束形状捷变能力等方面面临诸多严峻挑战。

与此同时，围绕我国全面建设信息化和智能化社会的战略需求，各种军事和民用应用平台对高性能阵列天线的需求愈来愈多。如何处理需求与传统相控阵技术发展之间的不平衡性，成为了亟待解决的问题。进一步的研究发现，传统相控阵天线仅能控制空域辐射性能，而不能控制时频域辐射性能，存在辐射调控自由度不足的固有缺陷。面对上述严峻挑战与战略需求，有必要从提升阵列天线设计自由度的角度出发，深入研究阵列天线电磁辐射控制的新理论、新技术。

近年来，一种将"时间"维度作为电磁辐射调控自由度的空时调制理论得到了天线理论与技术领域的广泛关注[20-21]。得益于自由度的提升，基于空时调制理论的阵列天线能够在空域、时域和频域实现电磁辐射的多维度、一体化动态调控。与传统相控阵天线相比，空时调制阵列天线至少具有如下潜在优势：（1）多维调控自由度使得低复杂度、连续幅相控制成为可能，从而有望降低成本，提高波束调控精度；（2）高精度波束调控所要求的控制状态数显著降低，使得波束控制快捷、迅速，从而提高波束切换速度；（3）空时调制使得天线层、射频电路层和信号处理层深度融合，有利于实时可重构天线电磁辐射特征，从而带来雷达、无线通信等系统性能的显著提升。

正是由于上述潜在优势，空时调制理论及其阵列技术一直是国际天线界的学术前沿研究方向[22-24]。开展基于空时调制理论的阵列天线电磁辐射调控关键技术研究，对于提升阵列天线的波束调控能力、系统性能等方面均具有重要意义。遗憾的是，国际上现有的空时调制阵列天线在波束扫描、边带抑制、应用集成等方面的发展存在诸多不足，还不能满足新一代雷达、通信、对抗等无线电子系统对高性能阵列天线的迫切需求。本书围绕当前空时调制阵列天线的发展瓶颈展开创新研究，形成涵盖基础理论、调制方法、阵列集成和系统应用等层面的空时调制理论和技术体系，为新一代高性能无线电子系统的研制提供理论基础和关键技术支撑。

1.2 空时调制理论的概念、内涵及具体实现途径

Maxwell方程组揭示了电场与磁场的统一关系，是空时调制的理论基石。微分形式的Maxwell方程组描述了空间任意点电磁场的变化规律。考虑自由空间中无源、线性和各向同性媒质中的Maxwell方程组的微分形式[25]，具体计算公式如下。

$$\nabla \times \boldsymbol{H} = \varepsilon \frac{\partial \boldsymbol{E}}{\partial t} \tag{1-1}$$

$$\nabla \times \boldsymbol{E} = -\mu \frac{\partial \boldsymbol{H}}{\partial t} \tag{1-2}$$

$$\nabla \cdot \boldsymbol{H} = 0 \tag{1-3}$$

$$\nabla \cdot \boldsymbol{E} = 0 \tag{1-4}$$

其中，式（1-1）到式（1-4）中的 $\boldsymbol{H}$ 和 $\boldsymbol{E}$ 分别表示磁场和电场，ε 和 μ 分别表示介电常数和磁导率。

由上述Maxwell方程组可知，磁场可以由时变的电场产生，而电场可以由时变的磁场产生。经典的电磁场理论主要研究的是电场和磁场随时间按正弦规律变化的时谐电磁场，没有将电磁场的时变特性看成一个可调控的自由度。在此情况下，传统相控阵理论是一种仅在空域实现电磁辐射调控的阵列天线理论，其通过控制不同天线单元的幅度和相位激励实现特定形状或波束指向的辐射方向图。

空时调制理论是一种将"时间"维度视为额外的调控自由度的阵列天

线电磁辐射控制理论[21]。通过引入"时间"维度的调控自由度,阵列天线能够实现电磁辐射在空域和时频域的多维度、一体化动态调控,使得电磁辐射调控的灵活性极大提高。为了进一步阐述空时调制的理论内涵,这里建立一个如图1-3所示的N单元空时调制阵列天线的基本架构。

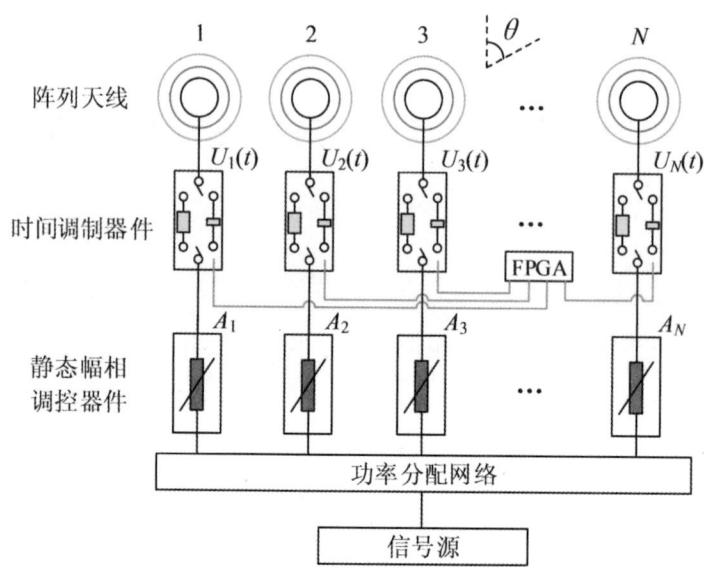

图1-3　N单元空时调制阵列天线的基本架构

与传统相控阵相比,图1-3中的每一个天线单元都增加了一个时间调制器件,其工作状态会在"时间"维度的动态调制下发生变化。如图1-3所示的时间调制器件在本质上是一个包含数字逻辑信号、射频输入信号和射频输出信号的多端口网络。受到现场可编程逻辑门阵列(field programmable gate array,FPGA)产生的数字逻辑信号的控制,时间调制器件的工作状态会动态地变化,从而对射频信号产生调制效果。现有的研究常采用"调制时序"来表征时间调制器件中数字逻辑信号对射频信号的调制效果[22-24]。因此,图1-3中阵列天线的辐射电场$E(\theta,t)$可以由式(1-1)至式(1-4)进一步地表示为[20]

$$E(\theta,t)=e_0(\theta)\cdot e^{j2\pi f_c t}\cdot \sum_{n=1}^{N}U_n(t)\cdot A_n\cdot e^{jk(n-1)d\sin\theta} \quad (1-5)$$

式（1-5）中，$e_0(\theta)$ 表示阵列的单元天线方向图；f_c 表示阵列天线的中心频率；$U_n(t)$ 表示第 n 个时间调制器件的调制时序；A_n 表示第 n 个天线单元的静态幅相激励；k 表示自由空间波数；d 表示天线单元间距；θ 表示以阵列天线侧射方向为基准的空间观测角度。

由式（1-5）可知，射频通道内数字逻辑信号与射频信号之间的相互作用不是简单的线性调制；不同射频通道内，经时间调制之后的射频信号会由天线单元辐射，并在自由空间中叠加。此时，由阵列天线辐射的电场和磁场并非经典的、按正弦规律变化的时谐电磁场，需要结合时域和频域的分析方法（如傅里叶变换等），实现电磁辐射问题的正确求解[25]。因此，空时调制理论的内涵是一种从时域、频域、数字域和模拟域的信息出发，考虑时间维度动态调制和多域交叉融合的阵列天线辐射控制理论。

根据调制对象和调制特征的不同，空时调制理论具有多种实现途径。一方面，按照调制对象，可以将空时调制细分为幅度调制、相位调制和相位-幅度联合调制。对于幅度调制，调制时序 $U_n(t)$ 是一个仅幅度随时间变化的函数。实现幅度调制的调制器件通常是单刀单掷（single-pole single-throw，SPST）射频开关、单刀双掷（single-pole dual-throw，SPDT）等通断控制器件。对于相位调制，调制时序 $U_n(t)$ 是一个仅相位随时间变化的函数。对于相位-幅度联合调制，调制时序 $U_n(t)$ 是一个相位和幅度都随时间变化的函数。实现相位调制和相位-幅度联合调制的器件通常是一些基于射频开关的可重构电路模块（如 1 bit 移相器等）。另一方面，按照调制时序 $U_n(t)$ 随时间变化的特征不同，可以将空时调制细分为周期调制和非周期调制。例如，伪随机调制属于典型的非周期调制。对于实际阵列天线的电磁辐射调控应用需求，天线设计师可根据调制对象和调制特征进行组合，形成空时调制理论的多种实现途径，如周期幅度调制、周期相位调制、伪随机幅度调制等。图 1-4 对空时调制理论的具体实现途径进行了总结。

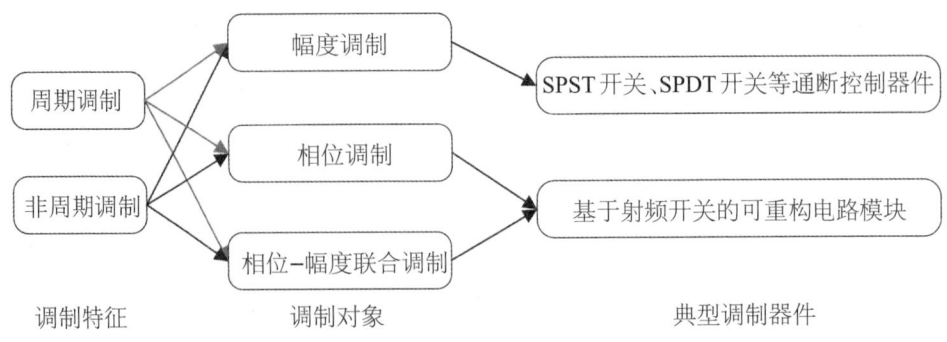

图1-4 空时调制理论的具体实现途径

需要指出的是，尽管空时调制理论具有多种潜在的实现途径，截至目前，学术界仅在"周期""幅度"调制方面取得了较多研究成果，在"相位"调制方面取得了少量研究进展，而针对其他调制技术的研究甚少。一方面，这主要是因为这些调制技术偏离传统阵列天线辐射控制技术太远，学术界对相关的调制理论和关键技术还很陌生，难以开展系统性的研究。另一方面，周期调制、幅度调制等实现途径在一定程度上限制了空时调制阵列天线的应用，在波束扫描、边带抑制、系统应用等方面还存在许多瓶颈。本书将从空时调制的调制特征和调制对象两方面入手，逐步完善空时调制理论。在此基础上，通过调制器件级、阵列天线级和通信系统级的创新研究，形成基于空时调制理论的阵列天线电磁辐射调控技术体系。

1.3 国内外研究历史、现状及挑战

1.3.1 空时调制阵列天线的研究历史

将"时间"作为自由度进行电磁辐射调控的研究历史最早可追溯到

1959年由美国休斯公司的H. E. Shanks和R. W. Bickmore在*Canadian Journal of Physics*上发表的一篇题为*Four-Dimensional Electromagnetic Radiators*的论文[26]。该论文首次提出"四维辐射器"的概念来描述一种将"时间"作为辐射性能调控自由度的新型天线。正如该论文中所述的"四维辐射系统的本质是对一个或多个天线参数进行周期性时间调制，以提高系统的信息处理能力或实现先进的辐射方向图特性"，H. E. Shanks和R. W. Bickmore利用一个高速旋转的馈源喇叭照射抛物面天线，在中心频率实现了和波束，在第一边带频率处实现了差波束。这一研究成果使得天线界意识到"时间"自由度在实现复杂电磁辐射调控方面强大的潜力。1961年，H. E. Shanks通过对阵列天线单元进行周期性的通断调制，在多个谐波分量上实现了波束指向不同的辐射方向图[27]。1963年，美国空军研究实验室的W. H. Kummer等学者基于一个X波段的8单元波导开槽直线阵开展了空时调制的理论和实验研究，在均匀静态激励的前提下，实测得到了−38.0 dB的超低副瓣电平[28]。研究表明，"时间"维度的周期性调制能够显著降低副瓣综合中苛刻的误差容忍量要求，这在超低副瓣或极低副瓣的方向图综合中具有广阔的应用前景。1966年，R. W. Bickmore从空时关系、辐射特性等方面对近十年以来空时调制阵列取得的研究进展进行了总结[29]。尽管"时间"自由度的引入有利于阵列天线实现低副瓣波束赋形、多波束扫描等辐射性能，但时间调制不可避免地在中心频率附近的边带频率上产生边带辐射。受限于当时计算机的发展水平，边带辐射无法得到有效抑制，造成阵列增益和信噪比的显著恶化。此外，在20世纪60年代，射频开关的发展水平普遍低下，时间调制所要求的"快速周期性切换"的硬件条件也不成熟。由于这些劣势，在此后的几十年里，关于空时调制理论及其阵列的研究鲜有报道。

一方面，进入21世纪以来，各类无线电子系统对天线辐射性能的要求越来越苛刻，传统相控阵天线在超低副瓣综合、自适应波束赋形、平顶波束综合等复杂辐射调控应用上面临严峻挑战。另一方面，随着计算机技术和集成电路技术的飞速发展，各类种群优化算法运用到阵列天线的波束赋形设计中，射频开关的切换速度显著提高、制造成本显著降低。这些有利因素令学术界开始重新审视空时调制阵列天线的应用前景。2002年，新加坡国立大学Temasek实验室的研究科学家杨仕文教授采用差分进化算法对32单元线阵的时序导通时间和静态幅度激励进行优化，实现了-50.0 dB的极低副瓣电平和-32.2 dB的低边带电平（sideband level，SBL）[30]，如图1-5所示。该研究开创性地提出了以优化算法为基础的中心频率、边带频率电磁辐射的协同调控方法，为解决长期以来的边带辐射问题提供了有效的技术优化途径。此后，空时调制阵列天线的研究进入了快速、多元化的发展阶段，相关研究报道如雨后春笋般涌现。

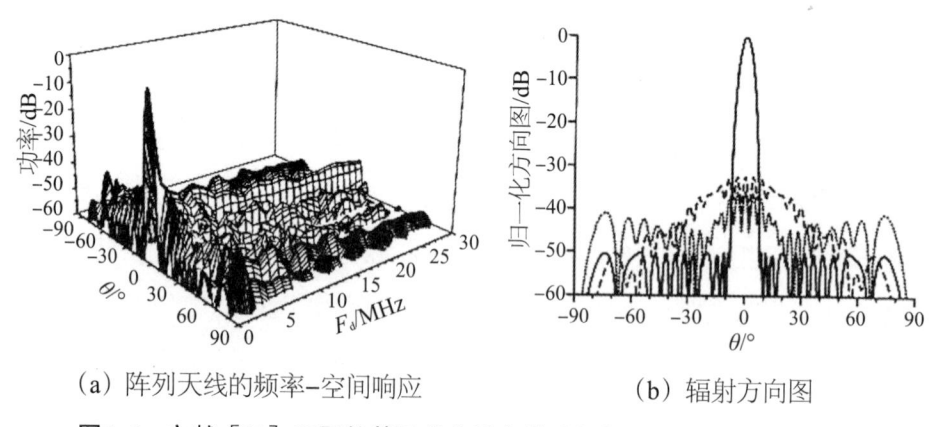

(a) 阵列天线的频率-空间响应　　(b) 辐射方向图

图1-5　文献［30］开展的基于差分进化算法的低副瓣方向图综合研究

1.3.2　空时调制阵列天线的研究现状

自杨仕文教授将差分进化算法用于边带辐射抑制之后[30]，一方面，国内外众多学者意识到优化算法在同时调控中心频率辐射和边带频率辐射方面的显著优势，并将优化算法视为实现低边带、低副瓣波束调控的必要手段，另一方面，也有一部分学者开始抓住边带辐射这一显著特征，积极探索与空时调制阵列天线更为匹配的应用。2002年以后，来自不同国家和地区的学者针对空时调制阵列天线开展了较为广泛的研究。除电子科技大学的杨仕文教授课题组以外，国内的上海交通大学、南京理工大学、西安电子科技大学等院校也开展了相关研究。国际上，美国、英国、加拿大、意大利、西班牙、印度等国的科研机构也取得了许多进展。纵观空时调制阵列天线几十年里的研究历程，这方面的研究大体上分为三个层次：理论研究、波束形成方法研究以及雷达通信系统应用研究。

在空时调制的基础理论研究方面，杨仕文教授在新加坡国立大学担任研究科学家期间，主要取得了两大理论成就：其一是统一了空时调制阵列的方向性系数和增益的计算方法[31]；其二是提出了经典的相位中心单向运动（unidirectional phase center motion，UPCM）调制理论和相位中心双向运动（bidirectional phase center motion，BPCM）调制理论[32-34]。2007年，杨仕文教授带领团队在空时调制的时频域统一性研究方面开展了深入研究。2008年，朱小文硕士提出了空时调制阵列的频域全波分析方法[35-36]，为精确仿真中心频率和边带频率上的辐射方向图提供了理论支撑。2009年，杨仕文教授建立了基于时域有限差分（finite-difference time-domain，FDTD）方法的空时调制时域分析理论[37]。2013年，朱全江博士从时域和频域两个角度开展了辐射特性分析，首次证明了辐射方向图、方向性系数等关键性能指标在时频域的统一性[38]。在此基础上，2020年，杨锋博士研究了考虑阵列天线互耦条件的空时统一关系[39]。此外，杨仕文教授团队还深入研究了空时调制阵列的互耦补偿方法[40]、线性调频信号（linear frequency modulation，LFM）传输理论[41]以及时序分段优化调制理论[42]等。

与此同时，国内外的其他研究团队也在空时调制基础理论研究方面取得了卓越的成果。南京理工大学的方大纲教授团队针对传统全波分析方法在空时调制阵列分析中的局限性，提出了一种基于阵中互阻抗解析公式的解析分析方法[43]，为快速精确分析阵列天线的时频域全波特性提供了必要手段。上海交通大学的金荣洪教授团队针对周期"0/1"幅度调制"0"状态引起的效率损失问题，提出了基于可重构功分网络的调制技术[44]，如图1-6所示。相比基于SPST开关的传统馈电网络，可重构功分网络的引入可以将"0"状态被吸收的功率重新利用，从而改进阵列效率，提高系统增益。在此基础上，该团队采用遗传算法对阵列的瞬时方向性系数进行了优化，提高了瞬时方向性系数的稳定性[45]。意大利特伦托大学的A. Massa教授团队提出了脉冲平移调制理论[46]。该理论首次采用了"状态持续时间"和"状态起始时刻"两个参数来表征周期"0/1"调制时序，兼顾了时序设计的灵活性和时序优化的复杂度，是迄今为止应用最为广泛的调制理论。该团队还率先考虑了SPST射频开关的非理想状态切换[47]，提出了包含脉冲上升沿的非理想周期"0/1"调制数学模型。西班牙圣地亚哥联合大学的J. C. Brégains教授团队率先分析了空时调制阵列的信号传输带宽和边带辐射功率问题，并提出了计算边带总功率损耗的严格解析计算方法[48]。土耳其加齐大学的E. Aksoy教授团队在边带辐射功率的解析计算方面开展了深入研究[49-51]，提出了脉冲平移调制下任意单元间距阵列的总辐射功率解析计算方法[49]、边带辐射功率的解析计算方法[50]，以及评估边带电平理论边界的解析不等式[51]。上述研究成果为精确、高效分析空时调制阵列的辐射性能提供了理论支撑。

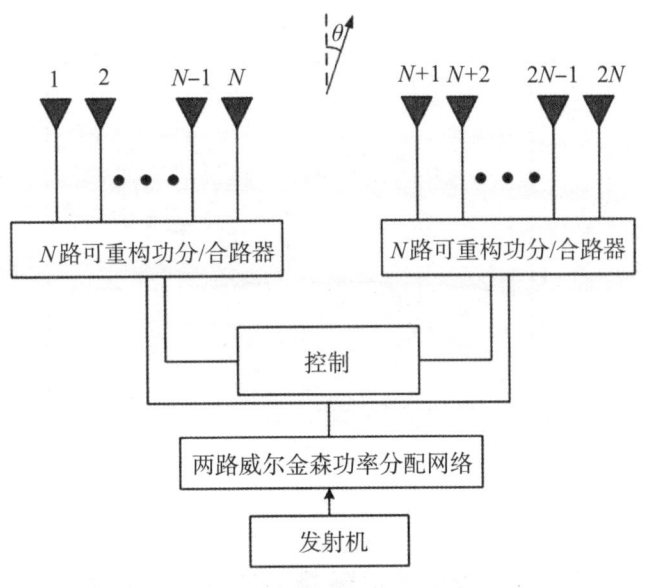

(a) 阵列结构

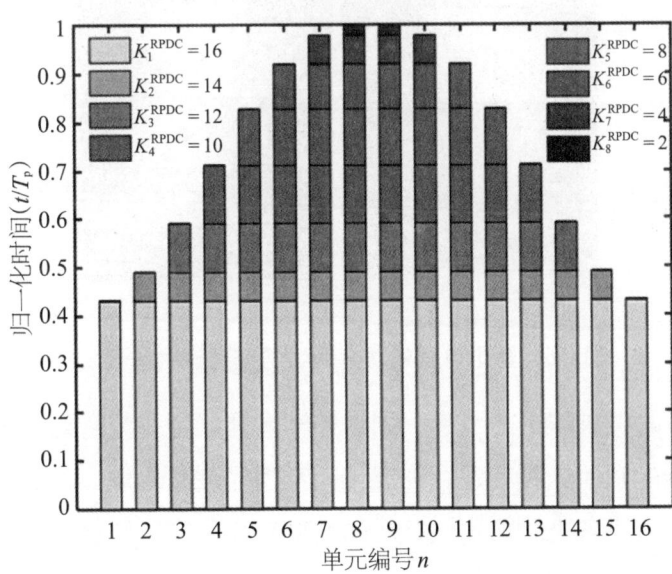

(b) 调制时序（−30.0 dB *SLL* 泰勒分布）

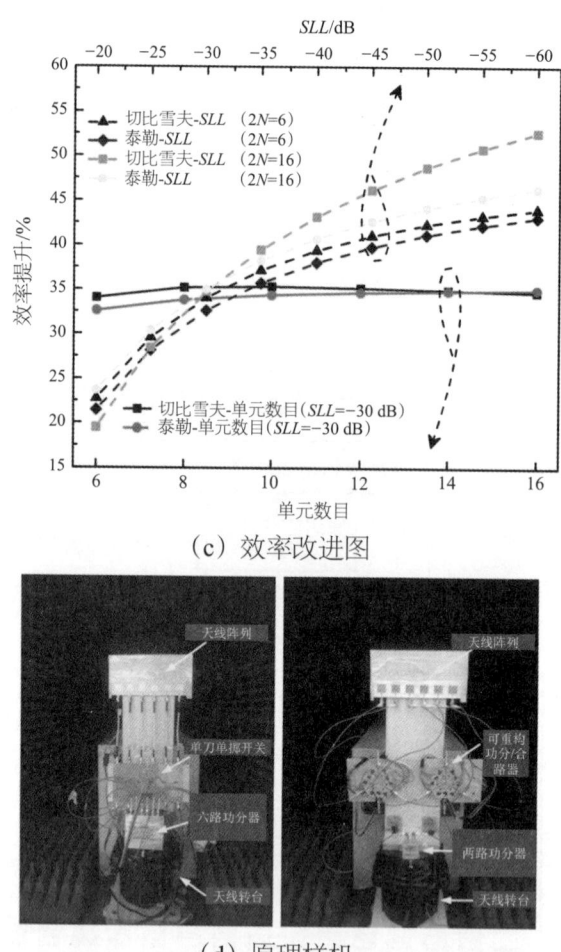

(c) 效率改进图

(d) 原理样机

图1-6 基于可重构功分网络的空时调制阵列[44]

随着空时调制理论的发展，国内外学者开始运用空时调制阵列天线解决一些复杂的辐射调控问题，开展了一系列的波束形成方法研究。早期的研究主要是基于各类种群优化算法的波束综合研究。在这方面，电子科技大学的杨仕文教授团队实现了多种场景下的复杂波束赋形[52-61]。例如，该团队的陈益凯博士将传统差分进化算法与快速傅里叶变换结合，在六边形平面阵中实现了低副瓣方向图综合以及和差波束[53]；该团队的杨锋博士将凸优化算法、迭代凸优化算法引入异构阵的波束赋形应用[60]以及大规模阵列的笔状波束综合[58-59]。西安电子科技大学的史小卫教授团队使用基于人工蚁群和差分进化混合的算法实现了圆环阵、共形阵的低副瓣方向图综合，以及具有特定覆盖范围的复杂波束综合[62]（图1-7）。意大利特伦托大学的 A. Massa 教授团队依托自身在阵列优化方面雄厚的研究基础，取得了丰硕的研究成果，包括基于粒子群优化算法的边带辐射抑制[63-64]、多波束方向图综合[65-66]、自适应零点波束形成[67-68]、阵列方向图校正[69]、稀疏阵综合[70]等。与此同时，国内外其他团队的学者，如西班牙圣地亚哥联合大学的 J. C. Brégains 教授团队[71-72]、法国高等电力学院的 J. Euzière 博士[73]、土耳其加齐大学的 E. Aksoy 教授团队[74]、土耳其努赫-纳西-亚兹甘大学的 K. Guney 博士[75]、印度贾达普大学的 S. Pal 博士[76]、印度国家理工学院的 A. Basak 博士[77]和 S. K. Manal 博士[78-79]等，纷纷将各类优化算法用于调制时序优化，获得了优异的辐射性能。

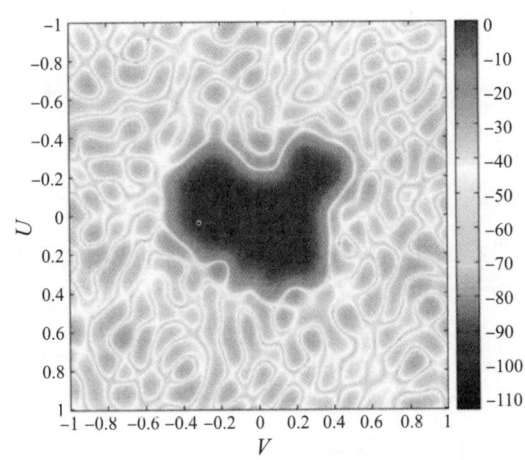

图1-7　面向卫星通信应用的空时调制复杂平顶波束赋形[62]

值得注意的是，上述研究[52-79]的调制对象仅为幅度，主要是运用"时间"自由度改变波束形状，难以实现波束扫描。近年来，各类无线电子系统对阵列天线高精度波束扫描能力的需求与日俱增，而传统相控阵技术又普遍面临成本、精度等方面的问题。在上述需求的牵引下，基于空时调制的波束扫描技术成了研究热点。实际上，H. E. Shanks 早在20世纪60年代就已经提出利用周期"0/1"幅度调制的边带频率实现波束扫描的基本思想[27]。然而，这种方法在实现某一边带波束扫描的同时，会导致高强度的中心频率辐射[80-81]，使得阵列天线在期望边带上的辐射效率显著降低。针对这一问题，加拿大康考迪亚大学的 S. Farzaneh 博士在调制器件设计层面改进了 SPST 开关，在传统"0/1"调制的基础上创新性地引入了"-1"工作状态，提出了周期"0/+1/-1"调制技术[82-84]，阵列结构及性能如图 1-8 所示[84]。基于该技术，中心频率的辐射得到完全抑制，这显著提高了正一边带的辐射效率。然而，S. Farzaneh 博士提出的"0/+1/-1"调制会在正一边带和负一边带产生两个指向对称的波束，这在许多期望单波束辐射的阵列天线应用中是不适用的。针对这一问题，方大纲教授团队的姚阿敏博士提出了单边带调制阵列[85]，如图 1-9 所示。该阵列采用了同相/正交（in-phase/quadrature，I/Q）调制架构，实现了正一边带的单波束辐射。此后，该团队的陈峤羽博士从抑制边带辐射、提高辐射效率等角度入手，对单边带调制阵列进行了一系列有效的改进，提出了基于可重构功分器的单边带调制阵列[86]、多级阶梯形单边带调制阵列[87-88]等。与此同时，西班牙圣地亚哥联合大学的 J. C. Brégains 教授团队[89-93]、土耳其加齐大学的 E. Aksoy 教授团队[94]、上海交通大学的金荣洪教授团队[95-96]也注意到单边带调制在实现波束扫描的独特优势，在这方面取得了一系列兼具理论和实践价值的研究成果。上述研究[80-96]主要是利用阵列天线的边带频率进行波束扫描。除此之外，也有一些学者提出了中心频率的相位调制波束扫描技术[97-99]。

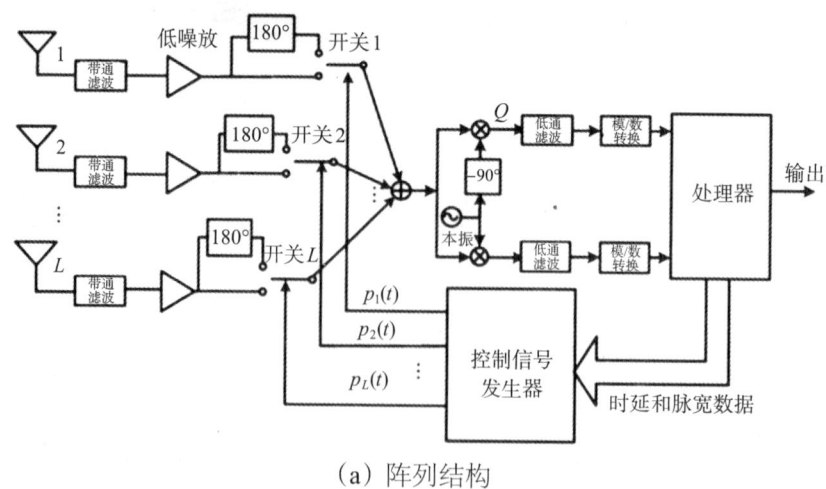

（a）阵列结构

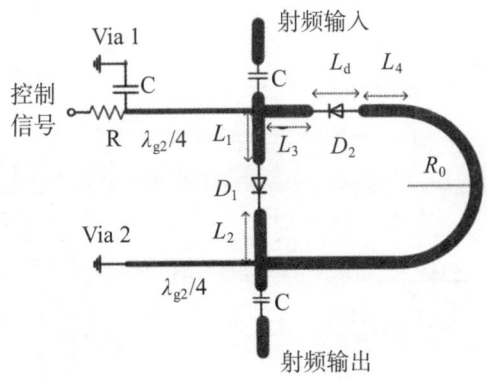

（b）改进型调制器件

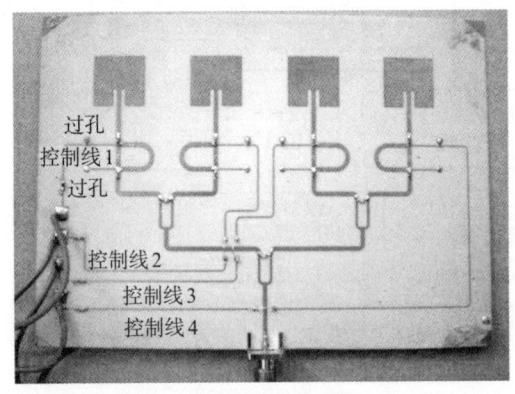

（c）C波段四单元阵列样机

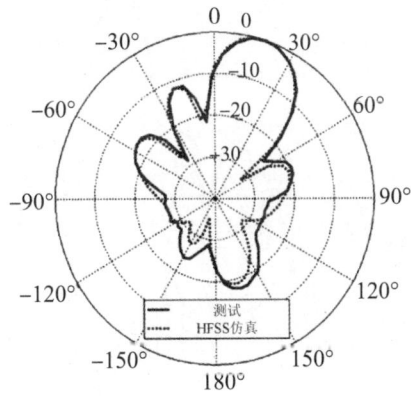

（d）波束扫描性能

图1-8 文献［84］提出的波束扫描技术

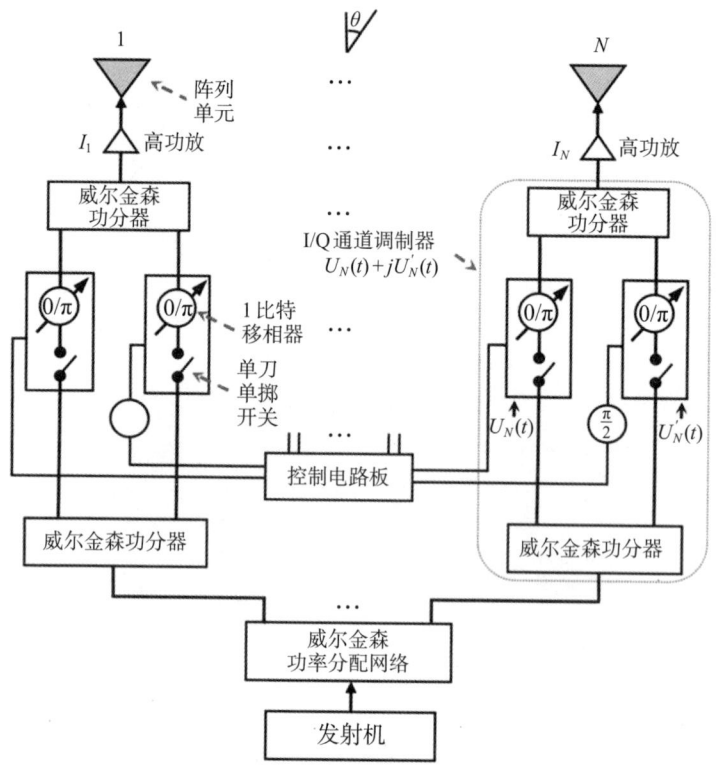

(a) 阵列结构

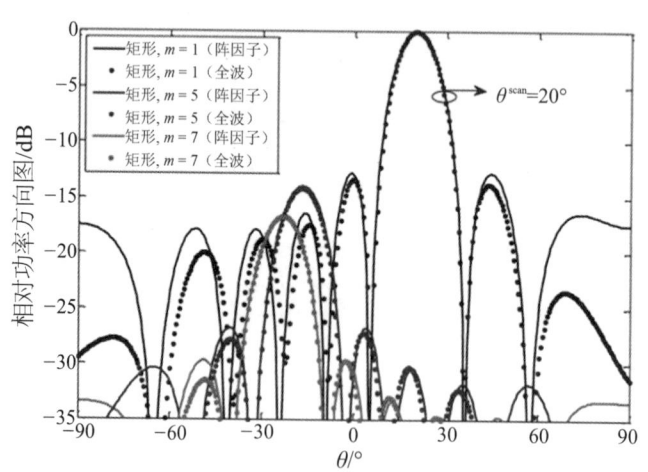

(b) 波束扫描性能

图1-9 文献[85]提出的单边带调制技术

需要指出的是，上述波束形成研究[52-99]的基本思路是在保持中心频率或者某几个边带频率辐射波束的前提下，尽可能地压制其他非期望边带辐射视为冗余的部分。而随着边带辐射抑制的研究趋于瓶颈，不少学者开始考虑将空时调制的多边带特性视为一种独特优势，这促进了空时调制阵列在雷达、通信等领域的应用研究。

测向是空时调制阵列在雷达领域最典型的应用之一。英国谢菲尔德大学的 A. Tennant 教授团队是最早开始开展基于空时调制阵列的测向应用研究的团队。在2007—2010年期间，他们先后提出了基于两单元、四单元阵列的空时调制测向方法[100-102]。自此之后，电子科技大学的杨仕文教授团队[103-106]、上海交通大学的金荣洪教授团队[107-111]、西安电子科技大学的史小卫教授团队[112]、美国弗吉尼亚理工大学的 A. O'Donnell 博士[113]等国内外多个研究团队的学者对基于空时调制阵列天线的雷达系统测向应用开展了深入的研究。研究结果表明，得益于"时间"维度的调控自由度，基于空时调制的测向技术在提高测向精度、降低测向的系统复杂度方面具有显著优势。除雷达系统的测向应用外，基于空时调制阵列的机载脉冲多普勒雷达应用[114]、多输入多输出（multiple input multiple output，MIMO）雷达应用[115]、低截获概率雷达应用[116]、同时多目标探测应用[117]以及雷达通信一体化应用[118]也得到了国内外学者的关注。

方向调制是空时调制阵列在无线通信领域最典型的应用之一。方向调制技术在保证合法接收机方向上无失真传输的同时，能够尽可能地扭曲非期望方向上窃听接收机的信道[119]。近年来，方向调制技术由于其物理层安全特性在无线保密通信领域备受关注[120-125]。2011年，南京航空航天大学的洪涛博士注意到空时调制阵列具有辐射与方向相关的射频信号的天然优势，率先提出了基于空时调制阵列的单波束、双波束方向调制方法[126-128]。2014年，朱全江博士利用空时调制阵列的多谐波特性引起的频谱混叠效应，在8单元阵列天线中实现了方向调制性能，并开展了实验验证[129]。之后，意大利特伦托大学的 A. Massa 教授团队[130]、英国赫瑞-瓦特大学的 Y. Ding 博士[131]、电子科技大学的杨仕文教授团队[132-136]以及桂林电子科技大学的黄高见博士[137]研究了基于空时调制阵列的多类方向调制应用，如认知无线电应用[130]、正交频分复用（orthogonal frequency division multiplexing，OFDM）信号发射应用[131]等。除方向调制应用之外，基于空时调制阵列的多模轨道角动量产生[138]、空分多址[139]、毫米波MIMO混合预编码[140]等无线通信应用也得到了国内外学者的关注。

1.3.3 空时调制阵列天线的发展瓶颈

尽管国内外学者对空时调制理论及其阵列开展了较为广泛的研究，但不可否认的是，面对新一代电子系统对其阵列天线提出的日益苛刻的辐射性能要求，现阶段空时调制理论及其阵列研究至少面临以下几个发展瓶颈。

（1）边带辐射抑制问题。边带辐射的高效抑制是提高系统抗干扰能力的有效手段，这在许多先进的雷达和无线通信系统应用中是极其关键的。对于无须波束扫描的低副瓣波束赋形、和差波束综合等应用[52-79]，各类种群优化算法使得阵列天线的边带电平始终处于较低水平。然而，在波束扫描应用方面[82-98]，由于调制时序的表征参数与期望的幅相调控量一一对应，实现期望幅相调控量所对应的调制时序存在设计灵活性不足的问题，导致边带辐射难以通过常规的时序优化方法得到有效抑制。此外，文献中大量使用的优化算法不可避免地涉及"尝试和错误"过程，这使得时序设计过程耗时且消耗大量计算资源，不利于实现实时、低边带的波束调控。

（2）效率问题。效率在一定程度上决定了雷达、无线通信等现代电子系统的有效作用距离，是高性能阵列天线设计中的关键技术指标。常规的设计方案，如时序优化[30]、可重构功分网络[44]等，所涉及的时序设计方法和阵列硬件都比较复杂，且对效率的提升效果有限。这使得现阶段的空

时调制阵列难以满足新一代无线电子系统对高效率阵列天线的迫切需求。尤其是在波束扫描应用中，现有研究大多采用基于 I/Q 架构的单边带调制技术[85-96]，而文献中较为典型的单边带调制技术[85, 86, 93]的调制效率分别为 30.4%、47.5% 和 49.9%。南京理工大学的陈峤羽博士针对 I/Q 单边带调制技术进行了系统而深入的研究，并在其博士学位论文[141]中深刻指出，"I/Q 通道调制下的正交调制效率无法改进，实际效率必然小于 50.0% 或损耗大于 3.0 dB"。可见，调制时序和调制电路的拓扑结构限制了波束扫描应用中调制效率的进一步提升。

（3）非理想特性建模问题。开展空时调制阵列的非理想特性建模研究，可以为预测实际动态调制下的幅相调控、辐射等关键性能提供可靠的技术手段，进而为工程设计中各类部组件的设计指标分配提供重要的理论依据。遗憾的是，学术界对非理想特性建模的研究刚起步，仅部分团队研究了射频开关状态切换的上升/下降沿对辐射性能的影响[47, 90]。很少有文献全面、定量分析阵列天线中各类非理想因素对空时调制性能的影响规律。造成这部分研究缺失的主要原因是各类非理想因素在动态调制下的相互作用机理比较复杂，必须通过反复、大量的实验才能发现内在的普遍规律，而如今这方面的研究大多停留在理论分析层面。

（4）无线保密通信应用方面的发展不足。随着第五代移动通信技术的蓬勃发展，无线通信的安全性问题被提升到了前所未有的高度。从公开的文献来看，基于空时调制理论的方向调制保密通信应用广泛采用的是周期"0/1"幅度调制。调制时序的周期性导致其实现的方向调制效果的随机性有限。面对越来越先进的窃听技术，一方面，现有的周期"0/1"幅度调制容易被截获，面临安全性缺陷，另一方面，文献中广泛采用的周期"0/1"幅度调制很难兼顾阵列天线的方向调制与波束扫描性能[129, 131, 134]。在现有的方向调制保密通信应用中，"时间"自由度无法改变信号辐射功率的最大传输方向，必须依赖额外的移相器或矢量调制器，这使得通信系统的成本和损耗控制成为挑战。此外，周期"0/1"幅度调制的"0"状态也会导致效率的进一步降低。可见，现有的空时调制技术无法同时满足无线通信系统在安全性、波束扫描能力、效率三方面的迫切需求。

1.4 本书的主要贡献与创新

本书的主要贡献与创新点体现在以下三个方面。

（1）在基于周期调制的阵列天线波束扫描应用方面，解决了现有研究广泛存在的边带辐射抑制、效率和非理想特性建模问题，主要创新性工作为以下几点。

①提出了多支路幅相一体化调控技术，将边带辐射抑制问题分解为射频通道内的谐波信号抑制问题和阵列天线的谐波波束优化问题，通过引入并联型调制电路拓扑结构，实现了阵列天线幅度和相位的高精度一体化调控和边带辐射的显著抑制。

②提出了递增相位调制技术，通过在天线单元进行"0°/90°/180°/270°"递增顺序的周期相位调制，将调制效率从现有的理论上界（50.0%）提升至81.1%。

③分别建立了调制器件级和阵列天线级的非理想空时调制模型，实现了各类非理想因素对调制器件幅相控制性能、阵列天线辐射性能的定量分析，为精确预测实际动态调制下的幅相调控、辐射等关键性能提供可靠的技术手段。

（2）针对周期调制阵列中边带电平对优化算法和调制模块的复杂度的严重依赖问题，提出了空时伪随机调制技术，通过在频域构造连续的边带功率分布，实现了边带辐射的高效抑制。这种新颖的设计思想从边带功率分布的物理机理层面开辟了边带辐射抑制的新出路，为实时、高精度、低边带的波束调控提供了极具吸引力的方案。这部分的主要创新性工作如下。

①将"幅控扫描"思想与伪随机"0/1"幅度调制结合,提出了基于孔径插值的伪随机幅度调制技术,通过阵列级的孔径插值操作,实现了基于伪随机"0/1"幅度调制的波束指向控制。

②针对伪随机"0/1"幅度调制的相位控制缺陷,提出了伪随机相位-幅度联合调制技术,通过联合"相位"和"幅度"两种伪随机调制对象,进一步避免了孔径插值操作,实现了天线单元的幅相协同控制。

(3)开展了空时调制理论在无线通信领域的应用基础研究,提出了两种无线保密通信新技术,解决了现有空时调制保密通信应用安全性不足、波束扫描能力不足、效率低的瓶颈问题。这部分的主要创新点为以下几点。

①提出了基于伪随机切换型相位调制的方向调制技术。该技术在递增相位调制的基础上引入"伪随机切换"思想,兼具伪随机调制的抗截获优势和递增相位调制的高效率波束调控优势,为物理层安全应用贡献了一种低成本、高性能的方向调制方案。

②将"混沌"思想引入空时调制阵列天线,提出了基于混沌相位调制的无线保密通信技术,充分利用"混沌"与生俱来的初始条件敏感、随机不可预测等特性,通过增强窃听接收机的信息不确定性,显著提高了保密性能。

上述三方面的创新性理论和方法的有效性通过调制器件级、阵列天线级和通信系统级的仿真和实验得到验证。

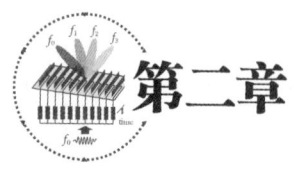

第二章

基于空时调制理论的阵列天线高精度幅相一体化调控技术

2.1 引言

在雷达应用中，阵列天线的幅度和相位控制精度将直接影响雷达系统的侦察、探测和识别等技战术指标。高精度的幅度和相位控制已经成为各类先进雷达系统的必然要求。传统相控阵天线通常采用数字衰减器控制天线单元的幅度，而由数字移相器控制天线单元的相位，这种体制在实际应用中存在许多弊端。一方面，数字衰减器和数字移相器需要级联实现天线单元的幅度和相位控制，这将导致损耗和调控误差的叠加。另一方面，数字衰减器和数字移相器仅能实现离散的幅相调控，导致副瓣电平抬升和波束指向偏差。为了提高波束调控精度，常采用高位数的幅相控制器件。然而，高位数的幅相控制器件将导致损耗显著增大、控制数据量显著提高，进一步提高了相控阵天线的成本和复杂度。

近年来，基于空时调制理论的高精度幅相一体化调控技术受到微波、天线领域学者的关注。根据傅里叶级数理论，幅相调控量与周期调制时序的表征参数之间存在连续的数学映射关系。这种映射关系使得幅相一体化调控可以由合理设计的周期调制时序实现,避免了传统相控阵因分立调控而导致的损耗、调控误差的叠加以及量化误差问题。早期研究表明,周期"0/1"幅度调制可以在第一边带频率实现幅相一体化调控[81],但调制损耗过大,不利于工程实现。针对该问题,加拿大康考迪亚大学的S. Farzaneh博士提出了周期"0/+1/−1"调制技术[82-84]。周期"0/+1/−1"调制与周期"0/1"幅度调制相比,在第一边带实现相同的幅相调控量的情况下,调制损耗降低了约6 dB。这极大地推动了空时调制理论在幅相一体化调控方面的实用化进程。尽管如此,S. Farzaneh博士提出的周期"0/+1/−1"调制技术仍然存在两方面的不足。

(1) 在边带辐射抑制方面:周期"0/+1/−1"调制没有对正一边带以外的其他边带进行辐射调控,而非期望边带辐射的抑制对于很多先进的电子系统是必需的。与此同时,由于调制时序的表征参数与幅相调控量一一对应,单纯通过时序优化实现边带辐射抑制是极其困难的。

(2) 在非理想特性建模方面:射频开关的实际切换时间、器件幅相不平衡等非理想因素会对幅相一体化调控性能产生影响,而现有研究无法量化分析上述非理想因素对幅相调控性能的影响,导致实际应用中的幅相调控精度低于预期理论分析。

本章将在S. Farzaneh博士研究工作的基础上,针对周期"0/+1/−1"调制在上述两方面的不足开展创新研究。在边带辐射抑制方面,本章提出多支路幅相一体化调控技术。该技术将边带辐射抑制问题分解成射频通道内非期望谐波抑制问题和阵列天线谐波波束优化问题。通过调制电路的拓扑结构创新,实现射频通道内非期望谐波信号的显著抑制,进而实现高精度、低边带、低副瓣的波束扫描。在非理想特性建模方面,本章提出一个包含调制器件幅相不平衡和开关切换时间的非理想幅相一体化调控模型,进而为实际提高器件的幅相调控精度提供可靠的技术手段。

2.2 基于空时调制理论的幅相一体化调控数学基础

2.2.1 周期"0/+1/−1"调制理论

周期"0/+1/−1"调制是实现空时调制幅相一体化调控的理论基础。为了便于后续阐述，本书将实现幅相一体化调控所要求的时间调制器件称为"幅相一体化调制模块"。幅相一体化调制模块的理论模型是由一个单刀三掷（single-pole triple-throw，SP3T）开关、一条180°固定相位延迟线和一个50 Ω的匹配负载组成的，如图2-1所示。在FPGA产生的数字逻辑信号的控制下，调制电路具有三种工作状态：−1（状态1）、+1（状态2）和0（状态3）。假设射频输入信号为$S_{in}(t)$[82]：

$$S_{in}(t) = m(t)e^{j2\pi f_c t} \tag{2-1}$$

式（2-1）中，$m(t)$为基带信号；f_c为射频输入信号$S_{in}(t)$的载波频率。

FPGA产生的数字逻辑信号对射频信号的时间调制效果由调制时序$U(t)$表征：

$$U(t) = \sum_{q=-\infty}^{+\infty} u(t+qT_p), q \in \mathbb{Z} \tag{2-2}$$

$$u(t)(t_s \leqslant t \leqslant t_s+T_p) = \begin{cases} +1, & t_s \leqslant t \leqslant t_s+\tau_s \\ -1, & t_s+T_p/2 \leqslant t \leqslant t_s+T_p/2+\tau_s \\ 0, & \text{others} \end{cases} \tag{2-3}$$

式（2-2）中，T_p表示时序$U(t)$的时间调制周期；$u(t)$为$U(t)$在单个调制周期内（$t_s \leqslant t \leqslant t_s+T_p$）的调制函数。式（2-3）中，$t_s(-T_p/2 \leqslant t_s < -T_p/2)$表示单个调制周期内"+1"状态的状态起始时刻；$\tau_s$表示单个调制周期内"−1"

和"+1"两个状态的状态持续时间。其中,t_s和τ_s满足以下关系:

$$-T_p/2 \leqslant t_s \leqslant T_p/2 \tag{2-4}$$

$$0 \leqslant \tau_s \leqslant T_p/2 \tag{2-5}$$

根据傅里叶级数理论,调制时序$U(t)$可以表示为傅里叶级数和的形式[82]:

$$U(t) = \sum_{h=-\infty}^{+\infty} u_h \mathrm{e}^{j2\pi h f_p t} \tag{2-6}$$

式(2-6)中,u_h表示第h次谐波分量的傅里叶系数;f_p表示$U(t)$的时间调制频率,它与时间调制周期T_p之间存在以下关系:$f_p = 1/T_p$。

因此,如图2-1所示的幅相一体化调制模块的射频输出信号$S_{\mathrm{out}}(t)$可以表示为

$$S_{\mathrm{out}}(t) = m(t) \sum_{h=-\infty}^{+\infty} u_h \mathrm{e}^{j2\pi(f_c + h f_p)t} \tag{2-7}$$

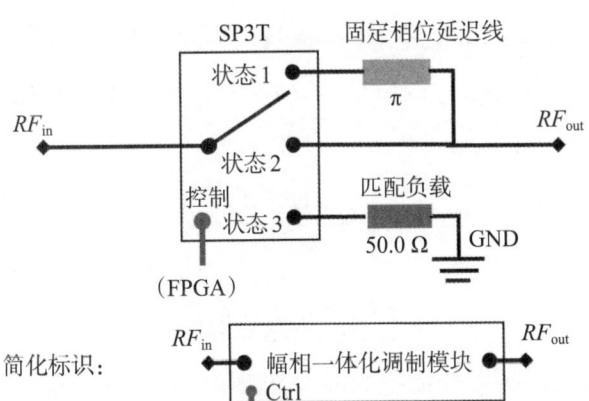

图2-1 基于空时调制理论的幅相一体化调制模块

在此情况下,调制时序$U(t)$的傅立叶系数u_h可以由式(2-8)得到[82]:

$$u_h = \begin{cases} 0, h = 0 \\ \dfrac{1}{\pi h}\left[1-(-1)^h\right]\sin(\pi h f_p \tau_s)\mathrm{e}^{-j\pi h f_p(\tau_s + 2t_s)}, h \neq 0, h \in \mathbb{Z} \end{cases} \tag{2-8}$$

通过观察式(2-8)可知,调制时序$U(t)$会将射频输入信号$S_{\mathrm{in}}(t)$从原始的载波频率f_c调制到谐波频率$f_c + h f_p$上,其中,$h \in \mathbb{Z}$。对于第h次谐波分量,调制时序$U(t)$将在射频输入信号$S_{\mathrm{in}}(t)$的基础上施加一个数值为u_h的调

控量。而且，幅相一体化调制模块的射频输出信号$S_{\text{out}}(t)$是所有奇次谐波分量的叠加，而基波分量和所有偶次谐波分量不能在幅相一体化调制模块中传输。由于正一次谐波分量的傅里叶系数具有最大的幅值，定义期望谐波为正一次谐波分量。将正一次谐波分量上的射频输出信号记作$S_{\text{out}}^{+1\text{st}}(t)$，则$S_{\text{out}}^{+1\text{st}}(t)$可以由式（2-9）得到：

$$S_{\text{out}}^{+1\text{st}}(t) = \frac{2}{\pi}\sin(\pi f_{\text{p}}\tau_{\text{s}})m(t)\text{e}^{-j\pi f_{\text{p}}(\tau_{\text{s}}+2t_{\text{s}})}\text{e}^{j2\pi(f_{\text{c}}+f_{\text{p}})t} \quad (2\text{-}9)$$

由式（2-9）可知，$S_{\text{out}}^{+1\text{st}}(t)$的幅度调控量可以通过改变调制时序$U(t)$的状态持续时间$\tau_{\text{s}}$实现，而$S_{\text{out}}^{+1\text{st}}(t)$的相位调控量则由调制时序$U(t)$的状态持续时间$\tau_{\text{s}}$和状态起始时刻$t_{\text{s}}$共同决定。这就意味着精心设计的调制时序可以保证射频输入信号被调制到正一次谐波频率$f_{\text{c}}+f_{\text{p}}$，且具有期望的幅相调控量。而且，在式（2-4）和式（2-5）的约束下，幅度调控量的取值范围由0到1.0，相位调控量的取值范围由$-\pi$到π。在此情况下，任意给定的幅度调控量α和相位调控量β与调制时序$U(t)$的表征参数t_{s}和τ_{s}的数学映射关系为

$$\tau_{\text{s}} = \frac{\arcsin\alpha}{\pi f_{\text{p}}} \quad (2\text{-}10)$$

$$t_{\text{s}} = -\frac{\beta}{2\pi f_{\text{p}}} - \frac{\tau_{\text{s}}}{2} \quad (2\text{-}11)$$

与传统数字移相器和数字衰减器对相位和幅度独立的调控方式不同，周期"0/+1/−1"调制可以通过合理设计调制时序$U(t)$实现幅度和相位的一体化控制。而且，在高速FPGA产生的数字逻辑信号的控制下，调制时序$U(t)$的状态起始时刻t_{s}和状态持续时间τ_{s}可以实现近乎连续的变化。因此，如图2-1所示的幅相一体化调制模块不存在幅相调控的量化误差，这极大地改善了传统数字移相器、数字衰减器因数字量化效应而导致的幅相控制偏差问题。

2.2.2 调制效率的定义与数学表征方法

调制效率是衡量空时调制性能的重要指标。为了方便后续开展性能评估，本小节将对空时调制理论中调制效率的定义与数学表征方法进行阐述。需要指出的是，这里关于效率的定义及计算方法包括但不局限于本节所研究的幅相一体化调制模块。对于后续章节提出的其他调制模块，本小节给出的定义及计算方法也是适用的。

对于单个调制模块，将其调制效率记作 $\eta_\text{T}^\text{Module}$，其计算公式为[86]

$$\eta_\text{T}^\text{Module} = \eta_\text{H}^\text{Module} \eta_\text{F}^\text{Module} \tag{2-12}$$

$$\eta_\text{H}^\text{Module} = \frac{|u_w|^2}{\sum_{h=-\infty}^{+\infty} |u_h|^2} \tag{2-13}$$

$$\eta_\text{F}^\text{Module} = \frac{1}{T_\text{p}} \int_0^{T_\text{p}} |U_n(t)|^2 \mathrm{d}t \tag{2-14}$$

式（2-12）中，$\eta_\text{H}^\text{Module}$ 表示调制模块的谐波效率，定义为期望谐波功率与模块输出的总功率之比；$\eta_\text{F}^\text{Module}$ 表示馈电效率，定义为调制模块输出总功率与输入功率之比。式（2-13）中，u_w 为期望 w 次谐波分量的傅里叶系数。

对于 N 单元空时调制阵列天线，将其调制效率记作 $\eta_\text{T}^\text{Array}$，其计算公式为[89]

$$\eta_\text{T}^\text{Array} = \eta_\text{H}^\text{Array} \cdot \eta_\text{F}^\text{Array} = \frac{P_\text{U}^\text{TM}}{P_\text{R}^\text{TM}} \frac{P_\text{R}^\text{TM}}{P_\text{R}^\text{ST}} \tag{2-15}$$

式（2-15）中，$\eta_\text{H}^\text{Array} = P_\text{U}^\text{TM}/P_\text{R}^\text{TM}$ 表示阵列天线的谐波效率，其中，P_U^TM 表示期望谐波分量的辐射功率，P_R^TM 表示阵列天线的总辐射功率；$\eta_\text{F}^\text{Array} = P_\text{R}^\text{TM}/P_\text{R}^\text{ST}$ 表示阵列天线的馈电效率，其中，P_R^ST 表示同规模理想静态阵列天线的辐射功率。根据文献[89]，总辐射功率 $P_\text{R}^\text{TM} = \sum_{h=-\infty}^{+\infty} P_h$，其中，$P_h$ 表示阵列天

线第 h 次谐波分量的辐射功率，可在辐射远场对平均坡印廷矢量进行积分得到[1]：

$$P_h = \frac{1}{2}\oiint_s \mathrm{Re}[\boldsymbol{E}_h \times \boldsymbol{H}_h^*]\mathrm{d}s \qquad (2\text{-}16)$$

式（2-16）中，$\boldsymbol{E}_h$ 和 $\boldsymbol{H}_h$ 分别表示第 h 次谐波分量的电场和磁场。其中，上标"*"是共轭运算符。同理，P_R^ST 可以由式（2-17）计算：

$$P_\mathrm{R}^\mathrm{ST} = \frac{1}{2}\oiint_s \mathrm{Re}[\boldsymbol{E} \times \boldsymbol{H}^*]\mathrm{d}s \qquad (2\text{-}17)$$

式（2-17）中，$\boldsymbol{E}$ 和 $\boldsymbol{H}$ 分别表示理想的均匀静态阵列的电场和磁场。此外，调制效率 η 与调制损耗 δ 之间的关系为

$$\delta = -10\lg\eta \qquad (2\text{-}18)$$

文献［81］提出的基于周期"0/1"调制理论是在第一边带，即在一次谐波分量上，实现期望的幅相一体化调控。在此情况下，调制效率可由式（2-14）计算为

$$\eta_\mathrm{T}^{\mathrm{Module}} = |u_{+1}|^2 = \left|\frac{1}{\pi}\sin(\pi f_\mathrm{p}\tau_\mathrm{s})\right|^2 \qquad (2\text{-}19)$$

由式（2-19）可知，$\eta_\mathrm{T}^{\mathrm{Module}}$ 在 $\tau_\mathrm{s}=0.5T_\mathrm{p}$ 时达到最大值10.13%，其对应的调制损耗为9.94 dB。而对于周期"0/+1/−1"调制，调制效率由式（2-14）计算为

$$\eta_\mathrm{T}^{\mathrm{Module}} = |u_{+1}|^2 = \left|\frac{2}{\pi}\sin(\pi f_\mathrm{p}\tau_\mathrm{s})\right|^2 \qquad (2\text{-}20)$$

由式（2-20）可知，$\eta_\mathrm{T}^{\mathrm{Module}}$ 在 $\tau_\mathrm{s}=0.5T_\mathrm{p}$ 时达到最大值40.53%，对应的调制损耗为3.91 dB。因此，相比周期"0/1"调制，周期"0/+1/−1"调制显著提高了调制效率，这推进了空时调制理论在幅相一体化调控应用的实用化进程。

2.3 多支路幅相一体化调控理论及其波束形成方法研究

第2.2节描述的周期"0/+1/−1"调制可以在极低的硬件复杂度要求下实现连续的幅相一体化调控。这种调制方案在小型、低成本应用平台（如无人机平台）尤其受欢迎。然而，周期"0/+1/−1"调制没有对正一边带以外的其他边带进行辐射调控。在一些先进的雷达、通信系统中，非期望边带辐射的抑制对于系统的抗干扰设计也是极其重要的。因此，如何在高精度幅相一体化调控的基础上实现非期望边带辐射的显著抑制，是一个值得深入研究的课题。

对于周期"0/+1/−1"调制来说，调制时序 $U(t)$ 的两个重要表征参数，即状态起始时刻 t_s 和状态持续时间 τ_s，都被用来实现正一边带上特定的幅度、相位调控量。在此情况下，调制时序 $U(t)$ 对非期望边带辐射的控制灵活性不足，使得常规时序优化思路在边带辐射抑制方面很难奏效。

针对以上问题，本节首先提出多支路幅相一体化调控理论，从调制电路拓扑结构和时序优化两方面入手，实现阵列天线高精度的幅相一体化控制和边带辐射的显著抑制。在此基础上，形成一种基于目标分解的多目标进化算法（multi-objective evolutionary algorithm based on objective decomposition，MOEA/D）的时序设计方法。此外，本节还将推导支路数目与射频通道内谐波抑制阶数的数学表达式，从而揭示周期调制中边带辐射抑制性能与调制器件复杂度之间的折衷关系。

2.3.1 多支路幅相一体化调控理论

本书将实现多支路幅相一体化调控的时间调制器件称为"多支路幅相一体化调制模块",如图2-2所示。射频输入信号$S_{in}(t)$首先通过一个p路功分器平均分成p个分支,其中,$p=2^k$, $k\in\mathbb{Z}$。在第i个支路中($i \leqslant p$),射频信号受到一个$(i-1)\pi/p$的固定相位延迟线的相位调制。对于第i个支路中的幅相一体化调制模块,其射频输入信号$S_{in,i}(t)$可以表示为

$$S_{in,i}(t) = \frac{1}{\sqrt{p}} S_{in}(t) e^{-j\frac{(i-1)\pi}{p}} \tag{2-21}$$

定义如图2-2所示的多支路幅相一体化调制模块的调制时序为$U(t)$。第i个支路中的调制模块的调制时序$U^i(t)$是在$U(t)$的基础上施加了一个$(i-1)/(2pf_p)$的时间延迟量,即

$$U^i(t) = U\left(t + \frac{i-1}{2pf_p}\right) \tag{2-22}$$

因此,图2-2中的第i个支路的调制模块在输出端$RF_{out(i)}$处的射频信号为

$$S_{out,i}(t) = S_{in,i}(t) U^i(t) \tag{2-23}$$

式(2-23)中,$S_{out,i}(t)$可以写成傅里叶级数和的形式。位于第一条支路的第h次谐波分量的射频输出信号记作$S_{out,1}^{h\,th}(t)$:

$$S_{out,1}^{h\,th}(t) = \frac{1}{\sqrt{p}} S_{in}(t) u_h e^{j2\pi h f_p t} \tag{2-24}$$

因此,多支路幅相一体化调制模块在图2-2中的输出端RF_{out}处的射频信号可以表示为

$$S_{out}^{h\,th}(t) = \frac{1}{\sqrt{p}} S_{out,1}^{h\,th}(t) \sum_{i=1}^{p} e^{j\frac{(i-1)\pi}{p}(h-1)} \tag{2-25}$$
$$= S_{in}(t) u_h e^{j2\pi h f_p t} \Omega(h)$$

$$\Omega(h) = \frac{1}{p}\sum_{i=1}^{p} e^{j\frac{(i-1)\pi}{p}(h-1)}, \quad h = \pm 1, \pm 3, \pm 5, \cdots \qquad (2\text{-}26)$$

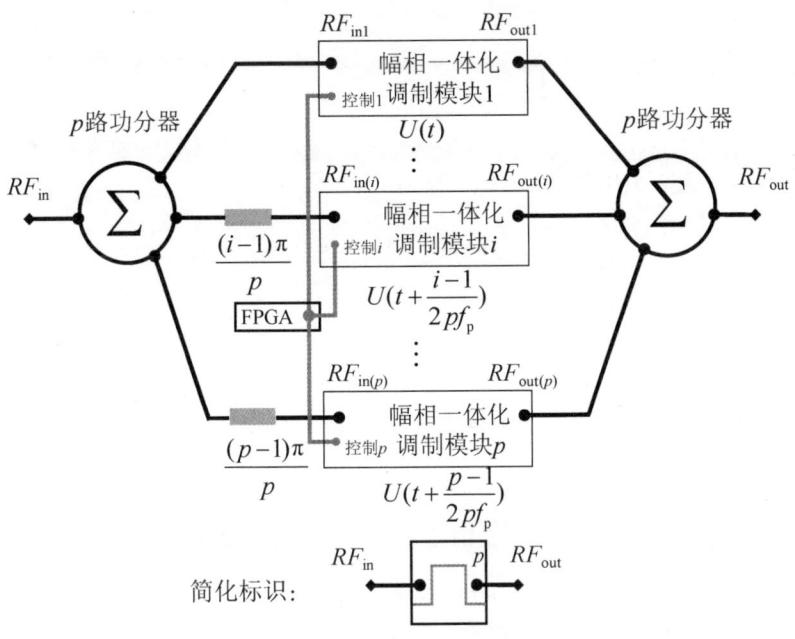

图2-2 多支路幅相一体化调制模块

式（2-26）中，$\Omega(h)$为谐波分量的输出状态表征函数，其取值始终为0或1。具体来说，若第h_1次谐波分量在多支路幅相一体化调制模块中得到抑制，则$\Omega(h_1)=0$；若第h_2次谐波分量在多支路幅相一体化调制模块中传输，则$\Omega(h_2)=1$。而且，多支路幅相一体化调制模块的每一个支路仅能传输奇次谐波分量，因此$\Omega(h)$中h的定义域为奇数集合，即$h=\pm1,\pm3,\pm5$等。正一次谐波分量上的射频输出信号$S_{\text{out},1}^{+1\text{st}}(t)$可以由式（2-25）和式（2-26）进一步地表示为

$$S_{\text{out}}^{+1\text{st}}(t) = S_{\text{in}}(t) u_{i1} e^{j2\pi h f_p t} \qquad (2\text{-}27)$$

由式（2-27）可知，正一次谐波分量不受支路数p的影响，始终能够在多支路幅相一体化调制模块中传输。同时，调制模块具有射频通道内抑制非期望谐波信号的能力。为了明确谐波抑制阶数与支路数p的关系，将

式（2-26）中的$\Omega(h)$进一步地写作：

$$\Omega(h) = \frac{1}{p}\sum_{i=1}^{p} e^{j\frac{(i-1)\pi}{p}(h-1)} = \frac{1}{p}\prod_{\substack{\gamma=2^\kappa \\ \kappa=1,2,\cdots}}^{p}[1+e^{j\frac{\pi}{\gamma}(h-1)}]$$

$$= \prod_{\substack{\gamma=2^\kappa \\ \kappa=1,2,\cdots}}^{p}\omega_\gamma \qquad (2\text{-}28)$$

令式（2-28）中的$\Omega(h)=0$，得到：

$$\frac{\pi}{\gamma}(h-1) = (2\chi+1)\pi, \chi = 0, \pm1, \pm2, \cdots \qquad (2\text{-}29)$$

$$h = (2\chi+1)\gamma + 1, \chi = 0, \pm1, \pm2, \cdots \qquad (2\text{-}30)$$

因此，一个p支路幅相一体化调制模块可以抑制中心频率（基波）信号、所有偶次谐波信号以及部分奇次谐波信号的传输。对于不同的支路数p的取值，奇次谐波信号的抑制效果可以通过式（2-28）至式（2-30）计算。图2-3为谐波分量的输出状态表征函数$\Omega(h)$与支路数p的关系，绘制了谐波分量的输出状态表征函数$\Omega(h)$在支路数$p=1$，2，4，8四种情况下的取值。正如前文所述，基波信号和所有的偶次谐波信号不能在幅相一体化调制模块中传输。因此，图2-3讨论的是支路数p对奇次谐波信号的抑制能力。由图2-3可知，单支路幅相一体化调制模块（$p=1$）对奇次谐波信号不具有抑制能力。两支路幅相一体化调制模块（$p=2$）对$4\chi+3$次谐波信号具有抑制能力（$\chi=\pm1$，±3，±5，$\cdots$），即-1次、$+3$次、-5次和$+7$次等谐波信号在射频通道内得到抑制，不会传输至天线。同理，四支路幅相一体化调制模块（$p=4$）对$(4\chi+3)\bigcup(8\chi+5)$次谐波信号具有抑制能力。八支路幅相一体化调制模块（$p=8$）对$(4\chi+3)\bigcup(8\chi+5)\bigcup(16\chi+9)$次谐波信号具有抑制能力。可见，随着支路数的增多，对奇次谐波信号的抑制能力显著增强。然而，在实际应用中，支路数目的增多也意味着硬件复杂度的提高。一般情况下，四支路结构能够抑制绝大部分的非期望谐波信号，且具有可接受的硬件复杂度，在谐波抑制性能与硬件复杂度之间取得了较好的折衷。

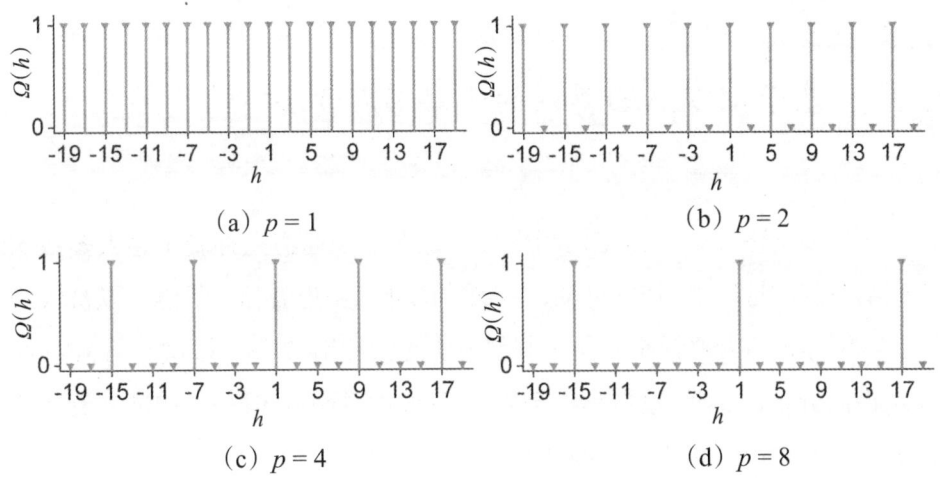

图2-3 谐波分量的输出状态表征函数$\Omega(h)$与支路数p的关系

值得一提的是，得益于射频通道内的谐波抑制性能，提出的多支路幅相一体化调控理论还在拓展射频信号无混叠带宽方面带来了好处。为了保证信号无混叠传输，周期调制体制通常要求传输的射频信号带宽B_s小于谐波分量的最小频谱间隔[38]。由图2-3可知，单支路幅相一体化调制模块不同输出谐波分量之间的最小间距为$2f_p$。在无混叠传输的约束条件下，其传输信号带宽B_s不应大于$2f_p$。也就是说，为了无混叠地传输带宽为B_s的射频信号，调制频率f_p应满足以下约束：$f_p \geq B_s/2$。然而，由于开关硬件的限制，调制频率f_p通常不能无限制地增大，这使得无混叠带宽受限。而对于p支路幅相一体化调制模块来说，实现无混叠传输的调制频率f_p仅需要满足以下约束条件：$f_p \geq B_s/2p$。例如，八支路幅相一体化调制模块的无混叠传输条件为$f_p \geq B_s/16$。可见，多支路幅相一体化调控理论有效降低了时间调制对射频开关的性能要求，这也对空时调制阵列的工程化应用产生积极影响。

本小节提出的多支路幅相一体化调控理论的显著特征是在射频通道内抑制绝大多数的非期望谐波信号的传输。该理论有效抑制了幅值较大的低阶非期望谐波信号的辐射，极大地缓解了调制时序的边带辐射调控压力。因此，相比周期"0/+1/−1"调制理论，本小节提出的理论更有利于阵列天线实现低副瓣、低边带的扫描波束综合。

2.3.2 基于MOEA/D算法的波束形成方法

尽管多支路幅相一体化调制模块已经在射频通道内抑制了绝大多数的非期望谐波信号，由图2-3可知，少部分的非期望谐波信号仍然可以被天线辐射。例如，四支路幅相一体化调制模块无法抑制-7次、+9次、-15次和+17次谐波分量。尽管这些高阶谐波信号的幅值很小，但是它们进入天线单元仍然会产生边带辐射，使得阵列边带电平抬升。在一些对边带辐射抑制性能要求较高的应用场景，调制时序不仅要保证阵列天线精确的副瓣电平和波束指向控制，还要在实现低副瓣和高精度波束指向的前提下，尽可能地抑制边带电平。显然，基于多支路幅相一体化调控理论的波束形成是一个典型的多目标优化问题，需要在副瓣电平（SLL）、边带电平（SBL）、波束指向（θ_d）等多个互相冲突的目标之间进行权衡。为了达到这一设计目的，本小节首先引入了MOEA/D算法[142-143]，再基于该算法提出了一种调制时序设计方法，以实现低边带、低副瓣的波束扫描性能。

MOEA/D算法可以用来求解多目标问题的帕累托最优解集（pareto-optimal solution set）。帕累托最优指的是针对该问题不存在绝对最优的解决方案，而且不存在可行方案比任何其他方案更好[144-145]。针对本节涉及的优化问题，在MOEA/D算法中建立以下三个目标函数：

$$f_{\text{cost},1} = \left| \theta_{\max}^{+1} - \theta_d \right| \tag{2-31}$$

$$f_{\text{cost},2} = \left| SLL_s^{+1} - SLL_d^{+1} \right| \tag{2-32}$$

$$f_{\text{cost},3} = \left| FNBW_s^{+1} - FNBW_d^{+1} \right| + \left| SBL_s - SBL_d \right| \tag{2-33}$$

式（2-31）中，$\theta_{\max}^{+1}$和θ_d分别表示正一次谐波方向图可实现的波束指向和期望的波束指向；式（2-32）中，SLL_s^{+1}和SLL_d^{+1}分别表示正一次谐波方向图可实现的副瓣电平和期望的副瓣电平；式（2-33）中，$FNBW_s^{+1}$和$FNBW_d^{+1}$

表示正一次谐波方向图可实现的零功率波瓣宽度和期望零功率波瓣宽度，SBL_s和SBL_d表示可实现的边带电平和期望的边带电平。这里的帕累托最优设计参数为调制时序的状态持续时间τ_s和状态起始时刻t_s，满足以下约束条件：

$$0 \leqslant f_p\tau_s \leqslant 1/2, \quad -1/2 \leqslant f_p t_s \leqslant 1/2$$

2.3.3 基于四支路结构的幅相一体化调控及其阵列应用

本小节将通过数值仿真算例证明多支路幅相一体化调控理论及其波束形成方法的有效性。不失一般性地，本小节所涉及的数值仿真结果都是基于四支路幅相一体化调制模块及其阵列天线仿真得到的。具体来说，将从射频通道内的多谐波抑制特性和低边带、低副瓣扫描方向图综合两个层面评估多支路幅相一体化调控理论及波束形成方法的有效性。

2.3.3.1 射频通道内的多谐波抑制特性

为了验证射频通道内的多谐波抑制能力，不失一般性地，对四支路幅相一体化调制模块加载按如下参数设置的调制时序$U(t)$：$\tau_s = 0.5T_p$，$t_s = -0.25T_p$，并将调制频率f_p设置为 1.0 MHz。图 2-4 给出了单载频连续波（continuous wave，CW）信号和线性调频（LFM）信号从四支路幅相一体化调制模块输出的调制功率谱。其中，射频输入信号的载频f_c = 1.0 GHz。LFM 信号的表达式为[6]

$$S_{in}(t) = \text{Rect}(t/T_{LFM})e^{j2\pi(f_c t + \frac{\mu}{2}t^2)} \tag{2-34}$$

式（2-34）中，T_{LFM} = 50.0 μs，为 LFM 信号的脉冲持续时间；$\mu = B_s/T_{LFM}$为线性调频系数；Rect(·)为 LFM 信号的矩形门函数，定义为 Rect(t/T_{LFM}) = 1，$|t/T_{LFM}| \leqslant 0.5$。假设 LFM 信号的传输带宽$B_s$ = 8.0 MHz。

由图 2-4 可知，周期时间调制使得射频信号的载波频率由f_c搬移到多个谐波频率分量上,其中,正一次谐波分量具有最大的幅度,为期望谐波频率;低阶非期望谐波信号,如基波分量、−1次、±2次、±3次、±4次、±5次谐波信号,在四支路幅相一体化调制模块中得到完全抑制;四支路幅相一体化调制模块不同输出谐波分量之间的最小间距为$8f_p$,对于带宽为B_s的射频输入信号,实现无混叠传输的条件为$f_p \geq B_s/8$。上述基于数值仿真结果得到的结论与理论分析相吻合,证明了多支路幅相一体化调控理论在射频通道内的谐波抑制能力。

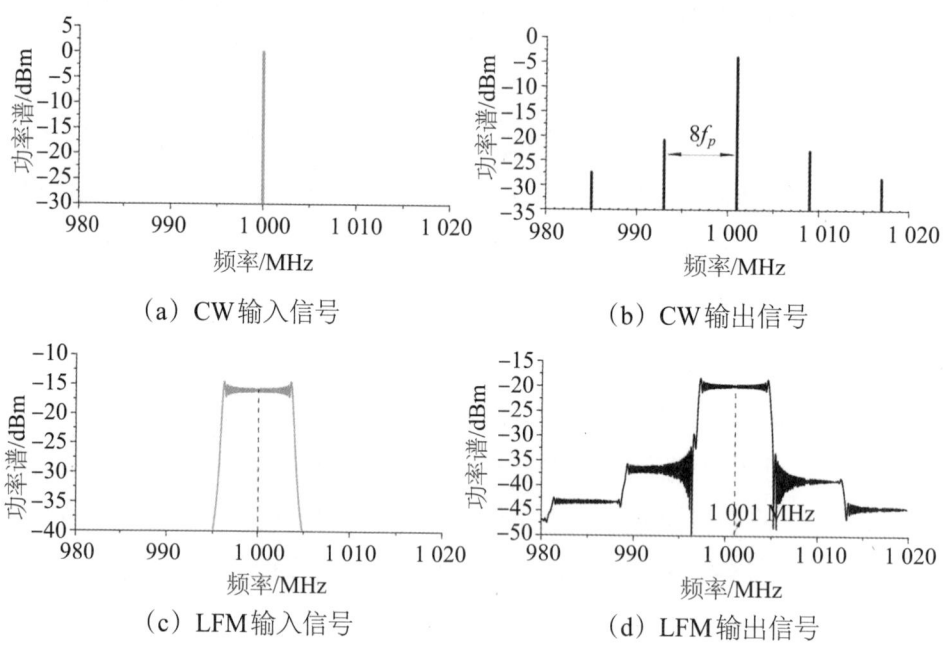

图2-4 四支路幅相一体化调制模块的输入输出功率谱

2.3.3.2 低边带、低副瓣扫描方向图综合

为了验证高精度幅相一体化调控性能,本小节基于四支路幅相一体化调制模块建立了一个波束形成系统,如图2-5所示。该波束形成系统由一个N单元均匀直线阵列天线、N个四支路幅相一体化调制模块、1个等功率分配网络、1个功率放大器和1个发射信号源组成。其中,如图2-5所示的均匀直线阵列采用的是X波段(8.0~12.0 GHz)的16单元Vivaldi线阵,其结

构如图2-6所示。Vivaldi线阵基于两层印制电路板工艺设计，印制在厚度为0.508 mm的Rogers RO4350B介质基板上。阵列天线的两端各增加一个哑元，以缓解边缘效应对天线辐射性能的影响。相邻天线单元之间的距离d设计为13.0 mm。图2-7展示了16单元Vivaldi线阵中心8号天线单元的有源驻波比。可以看出，当阵列从侧射$\theta_d = 0°$方向扫描到$\theta_d = 50°$时，X波段内的有源驻波比（active voltage standing wave ratio，Active VSWR）始终小于3.0，这表明如图2-6所示的16单元均匀直线阵列具有较好的阻抗匹配特性，适用于接下来的波束形成仿真分析。

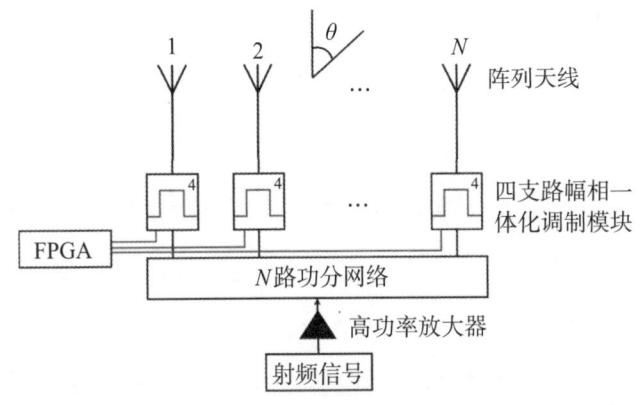

图2-5 基于四支路幅相一体化调制模块的阵列天线波束形成系统

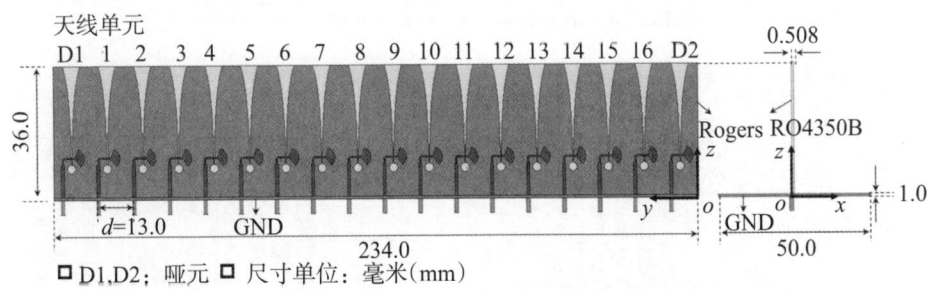

图2-6 16单元Vivaldi线阵的结构

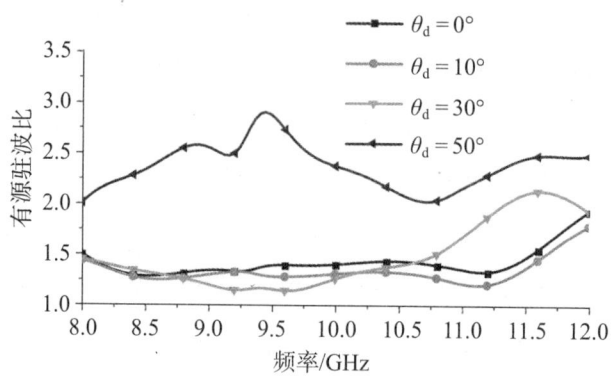

图2-7 16单元Vivaldi线阵中心8号天线单元的有源驻波比

不失一般性地,设置时序的调制频率$f_p = 1.0$ MHz,射频信号的载波频率$f_c = 10.0$ GHz。在波束综合时序优化过程中,设置副瓣电平$SLL_d^{+1} = -20.0$ dB,期望波瓣宽度$FNBW_d^{+1} = 26°$,期望边带电平$SBL_d = -25.0$ dB。此外,为了考虑实际阵列的互耦及边缘效应对波束形成性能的影响,在优化过程中,需要基于工作频点为$f_c = 10.0$ GHz的有源单元方向图综合目标方向图。基于以上优化参数,图2-8为基于MOEA/D算法的最优调制时序,分别给出了16单元Vivaldi线阵实现侧射0°、10°、30°和50°扫描的最优调制时序。其中,"状态1""状态2"和"状态3"由图2-1定义,即分别为幅相一体化调制模块的"-1""1"和"0"状态。

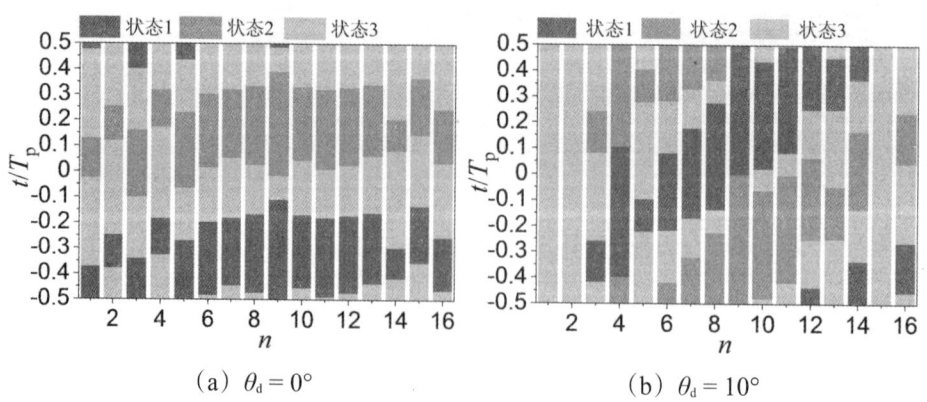

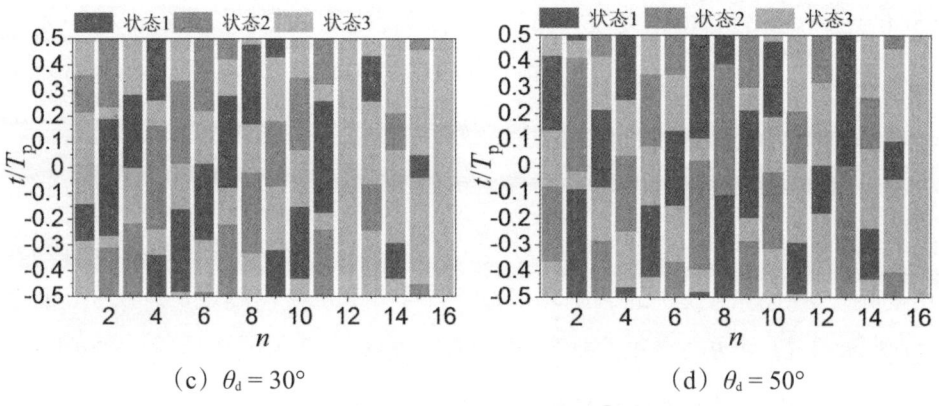

(c) $\theta_d = 30°$ (d) $\theta_d = 50°$

图2-8 基于MOEA/D算法的最优调制时序

在如图2-8所示时序的调制下，X波段16单元Vivaldi线阵的辐射方向图如图2-9所示。具体地，图2-9分别绘制了+1次谐波、−7次谐波、+9次谐波、−15次谐波和+17次谐波的辐射方向图，以评估边带辐射抑制效果。容易得到阵列天线在+1次谐波频率上实现期望角度和期望副瓣电平的扫描波束。对于其他非期望谐波频率的方向图，它们的最大电平至少比+1次谐波方向图的最大值低25 dB以上，即阵列天线实现的边带电平低于−25.0 dB（$SBL \leqslant -25.0 \text{ dB}$）。上述数值结果证明了多支路幅相一体化调控理论及波束形成方法在边带辐射抑制方面的有效性。此外，对于每一个低副瓣扫描波束，图2-9也给出了阵列天线的谐波效率$\eta_\text{H}^\text{Array}$、馈电效率$\eta_\text{F}^\text{Array}$、调制效率$\eta_\text{T}^\text{Array}$以及调制损耗$\delta_\text{T}^\text{Array}$的数值计算结果。相比传统数字衰减器[146]、数字移相器[147]级联起来动辄十几分贝（dB）的损耗来说，四支路幅相一体化调制模块在降低系统链路损耗方面存在优势。

幅相控制的性能对比见表2-1所列，对比了四支路幅相一体化调制模块、周期"0/+1/−1"调制模块[82]以及I/Q单边带调制模块[85]的幅相控制性能。不失一般性地，这里的对比是基于图2-9中$\theta_d = 50°$的波束形成仿真结果展开的。文献[82]提出的调制模块在波束形成应用中无法实现单边带辐射，导致其边带电平始终为0 dB。尽管文献[85]提出的调制模块能够实现单边带辐射，但其无法实现幅度控制，导致副瓣电平仍然较高

($SLL = -13.5$ dB)。相比文献[85]，本小节提出的调制模块具有幅相一体化控制能力，在波束形成应用中实现了更低的副瓣电平（$SLL = -20.0$ dB）。而且，提出的调制模块具有更高的谐波效率（$\eta_{\text{H}}^{\text{Array}} = 97.10\%$），这意味着绝大部分的非期望谐波信号在射频通道内得到了抑制，从而实现了边带电平的显著抑制（$SBL = -25.0$ dB）。此外，在实现信号无混叠传输方面，四支路幅相一体化调制模块的调制频率f_p与信号带宽B_s仅需满足$f_p \geqslant B_s/8$。相比文献[82]（$f_p \geqslant B_s/2$）和文献[85]（$f_p \geqslant B_s/4$），提出的模块进一步地降低了周期调制中无混叠传输对射频开关速度的要求。

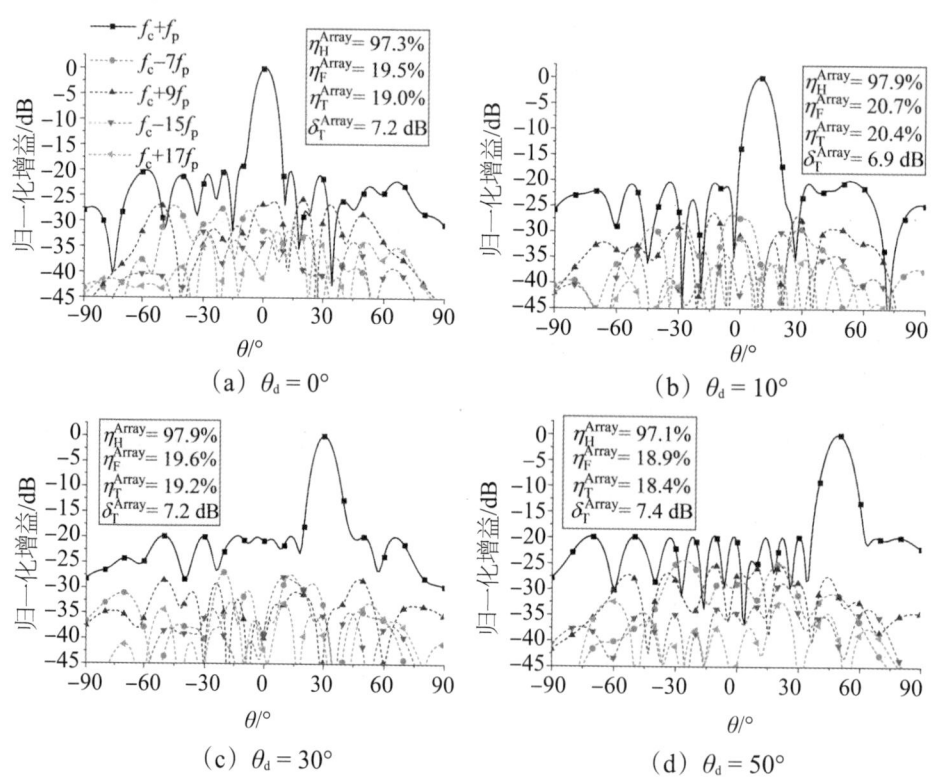

图2-9 X波段16单元Vivaldi线阵的辐射方向图

表2-1　幅相控制的性能对比

参考文献	是否是单边带辐射	SBL/dB	SLL/dB	信号无混叠传输条件	$\eta_\mathrm{H}^\mathrm{Array}$/%
[82]	否	0	−20.0	$f_\mathrm{P} \geqslant B_\mathrm{s}/2$	未提及
[85]	是	−13.97	−13.5	$f_\mathrm{P} \geqslant B_\mathrm{s}/4$	91.47
本书工作	是	−25.0	−20.0	$f_\mathrm{P} \geqslant B_\mathrm{s}/8$	97.10

接下来，从量化误差的角度分析高精度幅相调控性能。考虑一个基于数字移相器和数字衰减器的传统波束形成系统。其中，波束形成网络采用4 bit和6 bit的数字移相器，其移相范围为−180°到180°，最小移相步进分别为22.5°和5.625°；采用8 bit数字衰减器，最大衰减量为64.0 dB，最小衰减步进为0.25 dB。图2-10展示了传统数字移相器和数字衰减器的幅相量化效果。由于器件工作状态的不连续性，期望幅相调控量和实际幅相调控量之间存在一种"阶梯"近似关系。正如文献［9］至文献［11］详细分析的，这种"阶梯"近似关系会在方向图综合应用中带来量化误差。为了准确分析量化误差对方向图的影响，在接下来的数值仿真中假设数字移相器和数字衰减器不存在幅相均方根误差。

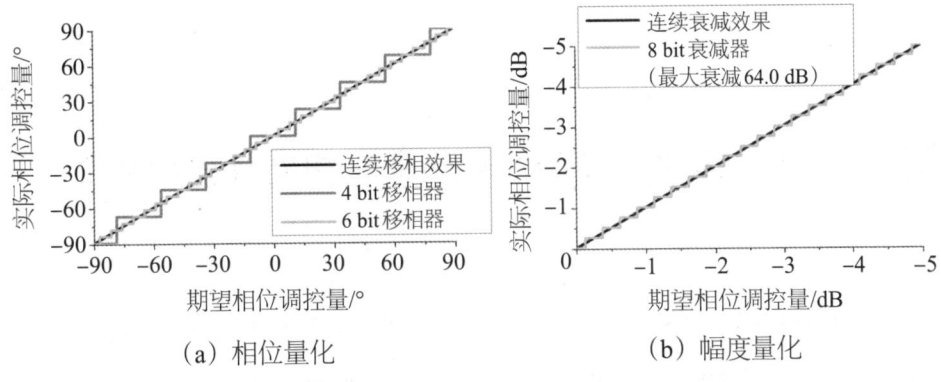

（a）相位量化　　　　　　　　（b）幅度量化

图2-10　传统数字移相器和数字衰减器的幅相量化效果

图2-11为不同幅相调控体制的波束形成效果对比，对比了基于6 bit移相器和8 bit衰减器、4 bit移相器和8 bit衰减器，以及四支路幅相一体化调制模块的阵列天线幅相加权效果。具体地，阵列天线的目标幅相分布是根据图2-8的最优时间调制序列，并结合式（2-10）和式（2-11）的幅相映射

关系计算得到的。从图2-11的仿真结果可知，对于−20.0 dB的目标副瓣电平，采用8 bit衰减器和4 bit移相器的波束形成网络带来了大于2.0 dB的副瓣电平误差，而采用8 bit衰减器和6 bit移相器的波束形成网络带来了约1.0 dB的副瓣电平误差。得益于"时间"自由度，基于多支路幅相一体化调制模块的波束形成网络具有几乎连续的幅相一体化调控能力，可以消除量化误差，在精确的副瓣电平控制方面具有显著优势。

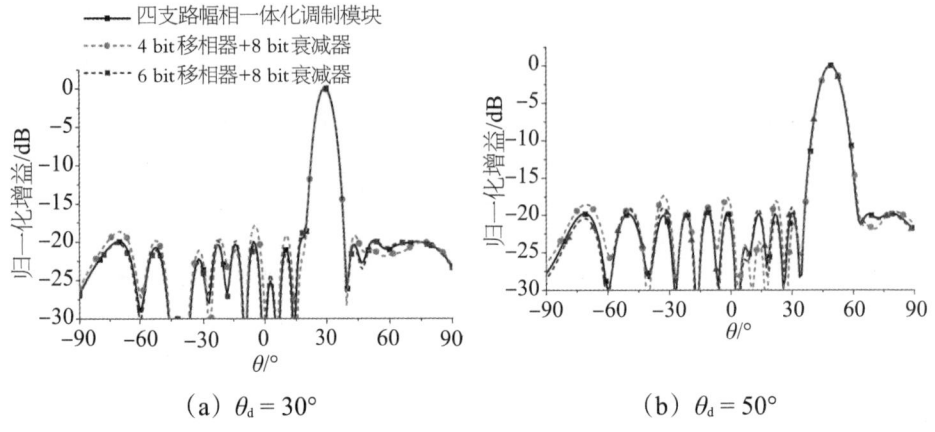

图2-11 不同幅相调控体制的波束形成效果对比

2.4 幅相一体化调控的器件级非理想特性建模研究

调制时序与幅相调控量之间严谨的数学映射关系是实现高精度幅相控制的必要前提。在2.2节的理论分析中，幅相调控量与调制时序表征参数之间的数学映射关系见式（2-10）和式（2-11）。需要指出的是，上述映射关系是基于理想的调制模型建立的，忽略了实际射频开关的切换时间、器件幅度不平衡等非理想因素的影响。在实际应用中，非理想因素广泛存在于幅相控制器件中，这些非理想因素相互作用，导致实际幅相控制性能与期望性能之间存在偏差。

周期"0/+1/−1"调制的基本特征是在边带频率上实现幅相一体化调控。这种非线性调制效果使得传统的幅相测量手段很难准确测量实际器件的幅相调控性能。在以往的研究中，边带频率上的幅相调控效果通常是通过测量辐射方向图实现间接验证[84, 86]。然而，仅从辐射方向图的测试结果难以表征实际器件的非理想特性对幅相一体化调控的不利影响。因此，开展非理想因素对幅相一体化调控的影响规律研究，并寻求射频通道内幅相调控量的精确测量手段，对提高实际调制器件的幅相调控精度具有重要意义。

本小节首先建立一个考虑调制器件幅度不平衡、静态相位误差、开关切换时间的非理想幅相一体化调控模型，从而厘清实际器件的非理想特性对幅相一体化调控性能的影响。其次，提出一种基于矢量网络分析仪的比较测量法，以实现边带频率上幅相调控量的准确测量。在此基础上，研制X波段幅相一体化调制模块，以验证非理想模型的有效性。

2.4.1 非理想特性成因及建模方法

实际的幅相一体化调制模块不可避免地存在调制器件幅度不平衡、静态相位误差、开关切换时间等非理想特性，上述非理想特性使得实际器件的幅相调控效果与第2.2节所述的理想模型有所差异。对于如图2-1所示的幅相一体化调制模块，其非理想的调制时序 $U'(t)$ 表征为

$$U'(t) = \sum_{q=-\infty}^{+\infty} u'(t - t_s + qT_p), \quad -T_p/2 \leqslant t_s \leqslant T_p/2 \tag{2-35}$$

$$u'(t) = \begin{cases} A_1 \cdot t/t_r, & 0 \leqslant t \leqslant t_r \\ A_1, & t_r \leqslant t \leqslant \tau_s - t_f \\ -A_1 \cdot (t - \tau_s)/t_f, & \tau_s - t_f \leqslant t \leqslant \tau_s \\ (t - T_p/2) \cdot A_2 \cdot e^{-j(\pi + v_P)}/t_r, & T_p/2 \leqslant t \leqslant T_p/2 + t_r \\ A_2 \cdot e^{-j(\pi + v_P)}, & T_p/2 + t_r \leqslant t \leqslant T_p/2 + \tau_s - t_f \\ -(t - T_p/2 - \tau_s) \cdot A_2 \cdot e^{-j(\pi + v_P)}/t_r, & T_p/2 + \tau_s - t_f \leqslant t \leqslant T_p/2 + \tau_s \\ 0, & \text{others} \end{cases} \quad (2\text{-}36)$$

式（2-36）中，$u'(t)$ 表示单个调制周期内（$0 \leqslant t \leqslant T_p$）的非理想调制时序；$t_r$ 和 t_f 表示射频开关的上升沿和下降沿时间；v_P 表示调制器件"+1"状态和"-1"状态之间的静态相位误差；A_1 和 A_2 是调制系数，取决于器件的幅度不平衡 v_A，其计算式为

$$A_1 = \begin{cases} 1.0, & v_A \leqslant 0 \\ 10^{-v_A/20}, & v_A \geqslant 0 \end{cases} \quad (2\text{-}37)$$

$$A_2 = \begin{cases} 10^{v_A/20}, & v_A \leqslant 0 \\ 1.0, & v_A \geqslant 0 \end{cases} \quad (2\text{-}38)$$

考虑实际的电路实现，幅度不平衡 v_A 和静态相位误差 v_P 分别由式（2-39）和式（2-30）计算：

$$v_A(\text{dB}) = IL^{(+1)}(\text{dB}) - IL^{(-1)}(\text{dB}) \quad (2\text{-}39)$$

$$v_P(\text{rad}) = Y(\text{rad}) - \pi \quad (2\text{-}40)$$

式（2-39）和式（2-40）中，$IL^{(+1)}$ 和 $IL^{(-1)}$ 分别代表实际幅相一体化调制模块在"+1"状态和"-1"状态的插入损耗；Y 表示"+1"状态和"-1"状态之间的实际相位差。

如果满足 $t_r = t_f = 0$、$v_A = 0$ dB、$v_P = 0$ rad，非理想调制时序 $U'(t)$ 将会退化成理想调制时序 $U(t)$。图 2-12 对比了非理想调制时序 $U'(t)$ 和理想调制时序 $U(t)$ 的时域波形。

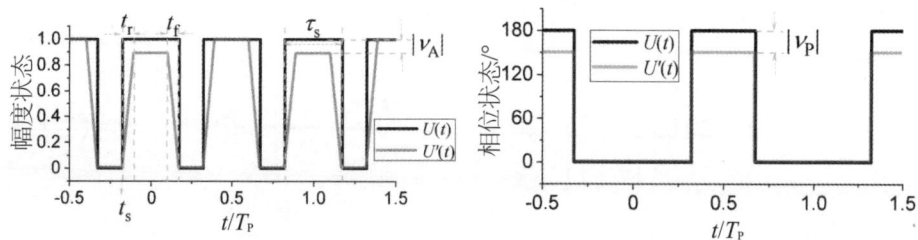

(a) $U(t)$和$U'(t)$的幅度–时间特性　　(b) $U(t)$和$U'(t)$的相位–时间特性

图2-12　非理想调制时序$U'(t)$与理想调制时序$U(t)$的时域波形对比

根据傅里叶级数理论，非理想调制时序$U'(t)$的傅里叶系数u_h'可以表示为

$$u_h' = \begin{cases} \dfrac{j\mathrm{e}^{-j\pi h f_p(2t_s+\tau_s)}\left[A_1-A_2\mathrm{e}^{jv_p}(-1)^h\right]}{2\pi h} \times \\ \left\{-\mathrm{e}^{j\pi h f_p(\tau_s-t_r)}\left[\sin c(\pi h f_p t_r)\right]+\mathrm{e}^{-j\pi h f_p(\tau_s-t_f)}\left[\sin c(\pi h f_p t_f)\right]\right\}, h \neq 0 \\ \dfrac{1}{T_p}\left(\tau_s - \dfrac{1}{2}t_f - \dfrac{1}{2}t_r\right)\left(A_1-A_2\mathrm{e}^{jv_p}\right), h=0 \end{cases} \quad (2\text{-}41)$$

如果假设$t_r = t_f$，式（2-41）将进一步简化为

$$u_h' = \begin{cases} \dfrac{\left[A_1-A_2\mathrm{e}^{jv_p}(-1)^h\right]}{\pi h}\sin c(\pi h f_p t_r)\sin[\pi h f_p(\tau_s-t_r)]\mathrm{e}^{-j\pi h f_p(2t_s+\tau_s)}, h \neq 0 \\ \dfrac{1}{T_p}(\tau_s - t_r)\left(A_1-A_2\mathrm{e}^{jv_p}\right), h=0 \end{cases} \quad (2\text{-}42)$$

对于实际幅相一体化调制模块，由非理想时序$U'(t)$产生的幅度调控量α和相位调控量β是与参考通道之比得到的。不失一般性地，将参考射频通道的调制时序记作$U_{\mathrm{ref}}'(t)$，由状态起始时刻t_s^{ref}和状态持续时间τ_s^{ref}表征，如图2-13所示。其中，τ_s^{ref}的定义域为$2t_r \leq \tau_s^{\mathrm{ref}} \leq 0.5T_p$，$t_s^{\mathrm{ref}}$的定义域为$-0.5T_p \leq t_s^{\mathrm{ref}} \leq 0.5T_p$。将$U_{\mathrm{ref}}'(t)$对应的傅里叶系数记作$u_h^{\mathrm{ref}'}$。为了保证参考射频通道的幅值始终最大，需要将$U_{\mathrm{ref}}'(t)$的状态持续时间$\tau_s^{\mathrm{ref}}$设置为$0.5T_p$，将状态起始时刻$t_s^{\mathrm{ref}}$设置为定义域内的任意值。作为可行解之一，这里设置状态起始时刻$t_s^{\mathrm{ref}} = -0.25T_p$。假设$t_r = t_f$，幅度调控量$\alpha$和相位调控量

β 与时序 $U'(t)$ 的状态起始时刻 t_s 和状态持续时间 τ_s 之间存在以下数学映射：

$$\alpha = 20\lg\left(\frac{|u_{+1}'|}{|u_{+1}^{\text{ref}'}|}\right) = 20\lg\left(\frac{|\sin[\pi f_p(\tau_s - t_r)]|}{|\sin[\pi f_p(\tau_s^{\text{ref}} - t_r)]|}\right)(\text{dB}) \quad (2\text{-}43)$$

$$\beta = \text{angle}\left(\frac{u_{+1}'}{u_{+1}^{\text{ref}'}}\right) = -\pi f_p[2(t_s - t_s^{\text{ref}}) + (\tau_s - \tau_s^{\text{ref}})](\text{rad}) \quad (2\text{-}44)$$

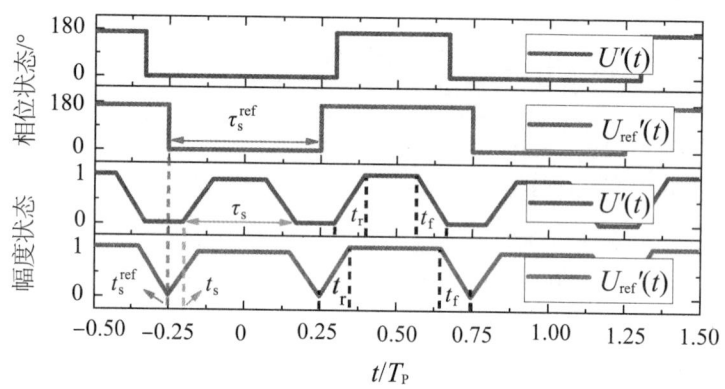

图 2-13 调制通道的调制时序 $U'(t)$ 与参考通道的调制时序 $U_{\text{ref}}'(t)$ 的时域波形对比

由式（2-43）和式（2-44）可知，幅度调控量 α 除了受状态持续时间 τ_s 的影响外，还将受到开关切换时间 t_r 的影响；相位调控量 α 同时受到 t_s 和 τ_s 的影响，而不受其他非理想因素的影响。作为例子，当 $t_r = t_f = 0.02T_p$ 时，幅度调控量 α 与 $U'(t)$ 的 t_s 和 τ_s 之间的映射关系如图 2-14（a）所示。相位调控量 β 与 $U'(t)$ 的 t_s 和 τ_s 之间的映射关系如图 2-14（b）所示。图 2-14（c）展示了切换时间 t_r 对幅度调控量 α 的影响。由图 2-14（c）可知，单个调制周期 T_p 内的开关切换时间 t_r 越长，实际幅度调控量与理想模型计算结果之间的偏差越大；对于固定的开关切换时间 t_r，期望幅度调控量越大，状态持续时间 τ_s 越小，实际幅度调控量与理想模型计算结果之间的偏差越大。

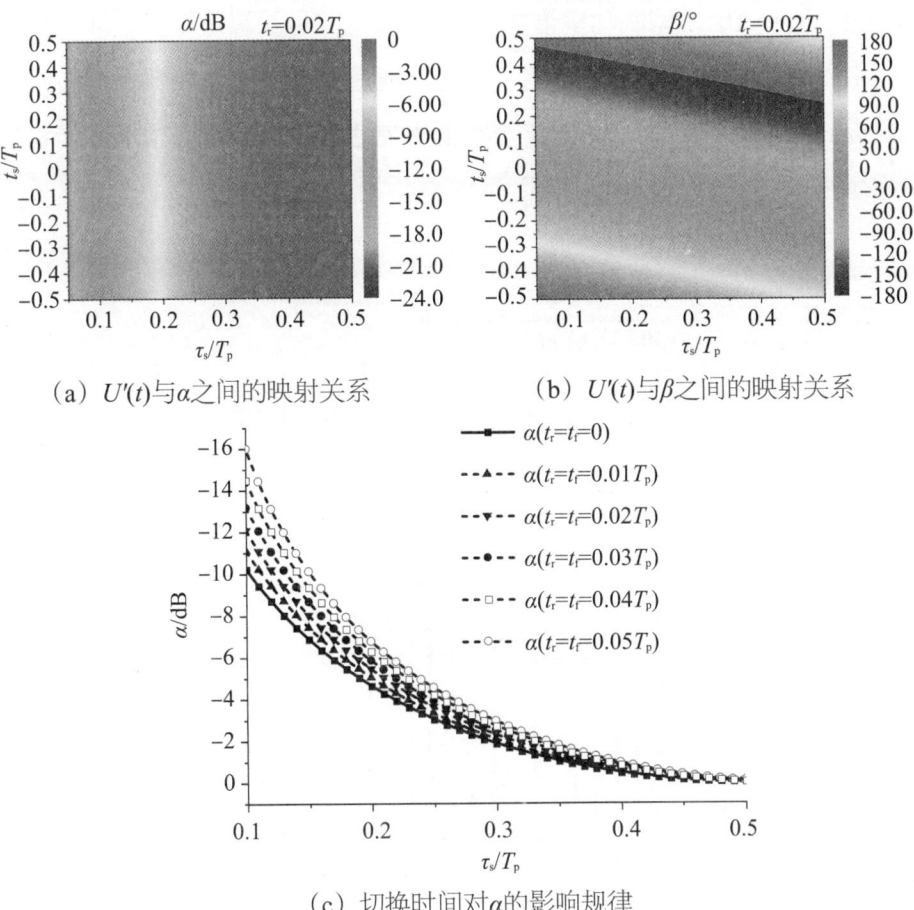

(a) $U'(t)$与α之间的映射关系

(b) $U'(t)$与β之间的映射关系

(c) 切换时间对α的影响规律

图2-14 幅度调控量α、相位调控量β与非理想调制时序$U'(t)$之间的数学映射关系

由式（2-41）和式（2-42）可知，幅度不平衡v_A、静态相位误差v_P，以及开关切换时间t_r和t_f会对调制功率谱产生影响。接下来，以$\tau_s = 0.5T_p$为例，研究非理想因素对调制功率谱的影响规律（图2-15）。在理想情况下，单频连续波（CW）信号经过幅相一体化调制模块，其输入频谱间隔为$2f_p$，偶次谐波分量和基波分量被完全抑制，如图2-15（a）所示。输出幅度谱在第一边带达到最大值，与输入幅值相比减小了3.91 dB，这与2.2节的理论分析一致。对于非理想情况，设置非理想因素$t_r = t_f = 0.03T_p$、$v_A = 0.5$ dB、$v_P = 5°$，调制功率谱如图2-15（b）所示；设置非理想因素$t_r = t_f = 0.1T_p$、

$v_A = 1$ dB，$v_P = 10°$，调制功率谱如图2-15（c）所示。容易得到，非理想因素的引入将会导致奇次谐波频率上的能量泄露到基波频率和偶次谐波频率上，进而导致期望的正一次谐波频率上的幅值减小。随着幅相不平衡程度的逐步增大和开关切换时间的逐步增长，期望谐波分量上的幅度逐步减小，频谱泄露现象逐步明显。

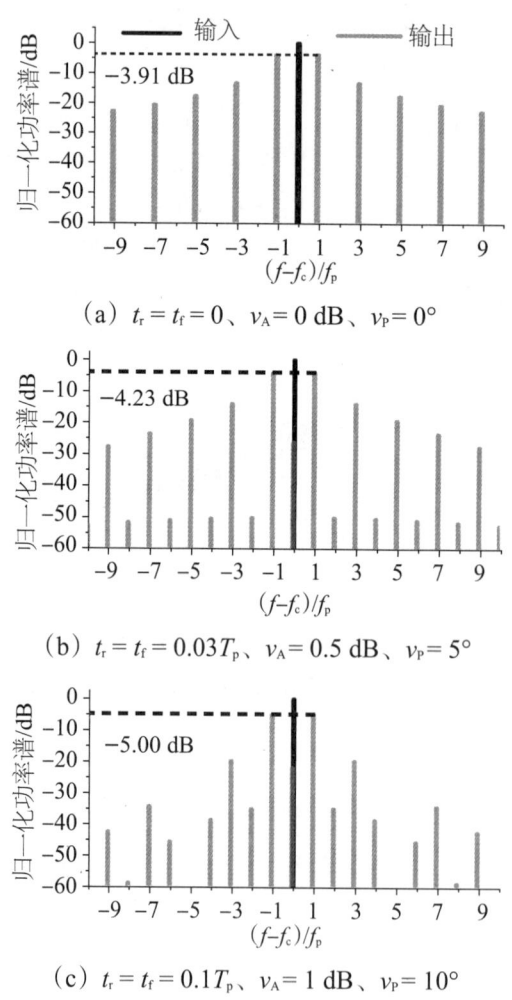

(a) $t_r = t_f = 0$、$v_A = 0$ dB、$v_P = 0°$

(b) $t_r = t_f = 0.03T_p$、$v_A = 0.5$ dB、$v_P = 5°$

(c) $t_r = t_f = 0.1T_p$、$v_A = 1$ dB、$v_P = 10°$

图2-15 非理想因素对调制功率谱的影响规律

在实际应用中，为了保证效率和幅相调控的准确性，非理想因素对幅相调控量、功率谱造成的影响需要量化评估。本小节建立的非理想模型为精确评估幅相调控量以及频谱特征提供了可行的技术手段，在实际幅相一体化调控性能提升方面具有重要意义。

2.4.2 射频通道内幅相调控量的测量方法

非理想特性研究的另一个关键问题是射频通道内幅相调控量的准确测量。传统幅相控制器件（如移相器、衰减器等）在射频通道内的调控是线性的，即器件的射频输入信号和射频输出信号处于同一载波频率。因此，幅相调控量可采用两端口的矢量网络分析仪的"S 参数"模式测量。然而，本章讨论的幅相一体化调控是在正一边带上实现的，即器件的射频输入信号和射频输出信号不处于同一载波频率。在此情况下，基于矢量网络分析仪的常规测试手段无法消除时谐因子的影响，使得幅相调控量的测量尤为困难。针对这一问题，本小节提出了一种基于矢量网络分析仪的比较测量方案，如图 2-16 所示。测试平台由一台两端口矢量网络分析仪、一台信号源、一个两路功分器和一个 FPGA 组成。首先，信号源发射一个载频为 f_c 的 CW 信号。该信号被功分器分为两路，即如图 2-16 所示的 P_1 支路和 P_2 支路。其次，将两个相同的幅相一体化调制模块分别置于图 2-16 中的"待测件 1（device under test 1，DUT 1）"和"DUT 2"位置，并分别设置调制时序为 $U_1'(t)$ 和 $U_2'(t)$。来自 P_1 支路和 P_2 支路的射频输出信号分别由矢量网络分析仪的"端口 1"和"端口 2"接收。最后，调用矢量网络分析仪的"比值测量（ratio measurement）"功能[148]，比较"端口 1"和"端口 2"的接收信号在不同频率的幅度和相位差。

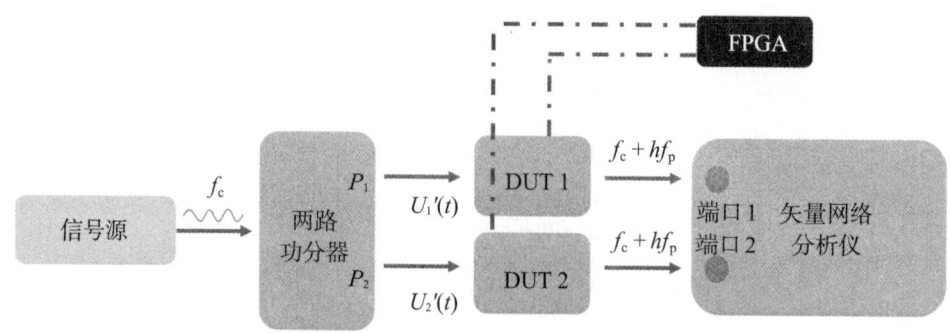

图2-16 基于矢量网络分析仪的幅相比较测量方案

不失一般性地，本节的比较测量法采用的矢量网络分析仪是Keysight N5244A。具体地，谐波频率上的幅相测量分以下三步。

（1）测量校准：设置 $U_1'(t) = U_2'(t) = U_{ref}'(t)$，获得初始的幅度调控量 α_{in} 和相位调控量 β_{in}。该步骤的目的是获得测试系统的固有偏差。

（2）幅相测量：保持 $U_1'(t) = U_{ref}'(t)$ 不变，改变 $U_2'(t)$ 的状态起始时刻和状态持续时间，获得未经校准的幅度调控量 α_{unc} 和相位调控量 β_{unc}。

（3）后处理：位于"DUT 2"处的调控模块幅度调控量 α 和相位调控量 β 的测量结果可根据式（2-45）和式（2-46）得到。

$$\alpha = \alpha_{unc} - \alpha_{in} \tag{2-45}$$

$$\beta = \beta_{unc} - \beta_{in} \tag{2-46}$$

2.4.3 X波段幅相一体化调制模块研制

为了验证非理想模型的有效性，本小节研制了一款工作在X波段的幅相一体化调制模块，如图2-17所示。受限于实验室可获得的射频开关，本小节调制器件的研制没有由如图2-1所示的SP3T电路拓扑实现，而是由两个SPDT开关组成的开关线型移相单元拓扑实现[149]。尽管电路拓扑结构有所不同，这里研制的模块与如图2-1所示的模块在调控功能上是等效的。该模块基于三层印制电路板设计。其中，顶层和中间1层为射频信号层，底层为数字逻辑信号层。从顶层的结构可知，"+1"状态和"-1"状态分别由两条微带线实现，即如图2-17所示的A_1和A_2。模块的"0"状态由射频开关内部的吸收负载实现。顶层和中间1层印刷在厚度为0.508 mm的Rogers RT5880介质基板上，底层印制在厚度为0.508 mm的FR4介质基板上。状态切换由两个SPDT射频开关实现，采用的是ADI公司的ADRF5020[150]，分别焊接在图2-17中的S_1和S_2两个焊盘处。

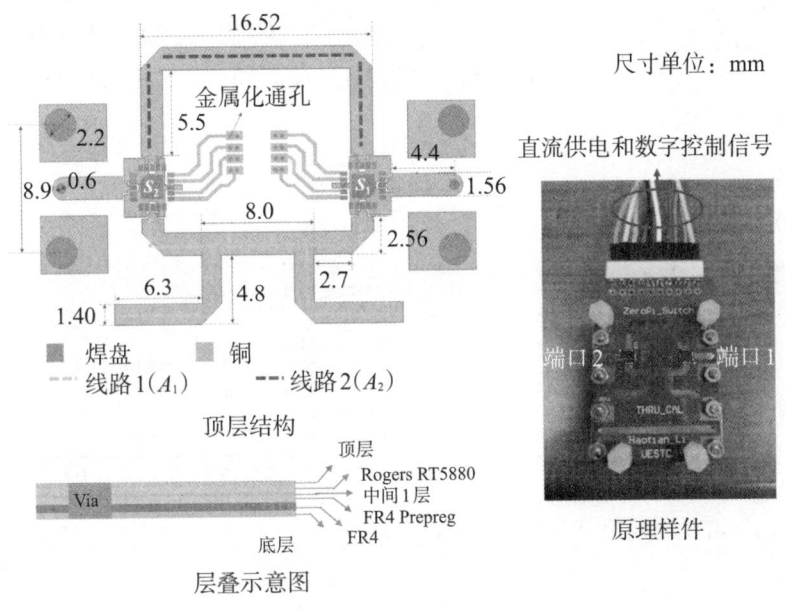

图 2-17 X波段幅相一体化调制模块

图2-18给出了X波段幅相一体化调制模块的S参数。在8.7～10.2 GHz的范围内，实测相位差$\varUpsilon$为180°±2°，且在"+1"状态、"-1"状态和"0"状态的反射系数都小于-15.0 dB（$|S_{11}|$，$|S_{22}| < -15.0$ dB）。在8.7～10.2 GHz的范围内，"+1"状态的插入损耗为3.0 dB～3.7 dB，"-1"状态的插入损耗为3.5 dB～4.2 dB，"0"状态的实测隔离度大于40.0 dB（$|S_{21}| < -40.0$ dB）。因此，所研制的X波段幅相一体化调制模块的带宽为8.7～10.2 GHz，工作带宽内幅度不平衡v_A的典型值为0.5 dB，静态相位误差v_P的典型值为2°。

开关上升沿时间 t_r、下降沿时间 t_f 可通过实测 ADRF5020 射频开关的射频包络获得。首先，基于 ADRF5020 开关研制了一款性能评估电路，如图 2-19（a）所示。由于 ADRF5020 开关在性能评估电路的"射频支路 1"和"射频支路 2"具有良好的一致性，上升沿时间 t_r 和下降沿时间 t_f 分别通过测量图 2-19（a）中的"射频支路 1"的"截止—导通"和"导通—截止"过程得到。在测量过程中，输出端口 P_2 始终接匹配负载。由于示波器采样率的限制，这里的射频包络是在 CW 信号的载频 f_c 为 1.0 GHz 的条件下测试得到的。示波器的型号为 Tektronix DPO70804C。上升沿时间 t_r 和下降沿时间 t_f 的测试结果如图 2-19（b）和图 2-19（c）所示。由图 2-19 可知，t_r 和 t_f 大致相等，为 2～3 ns。

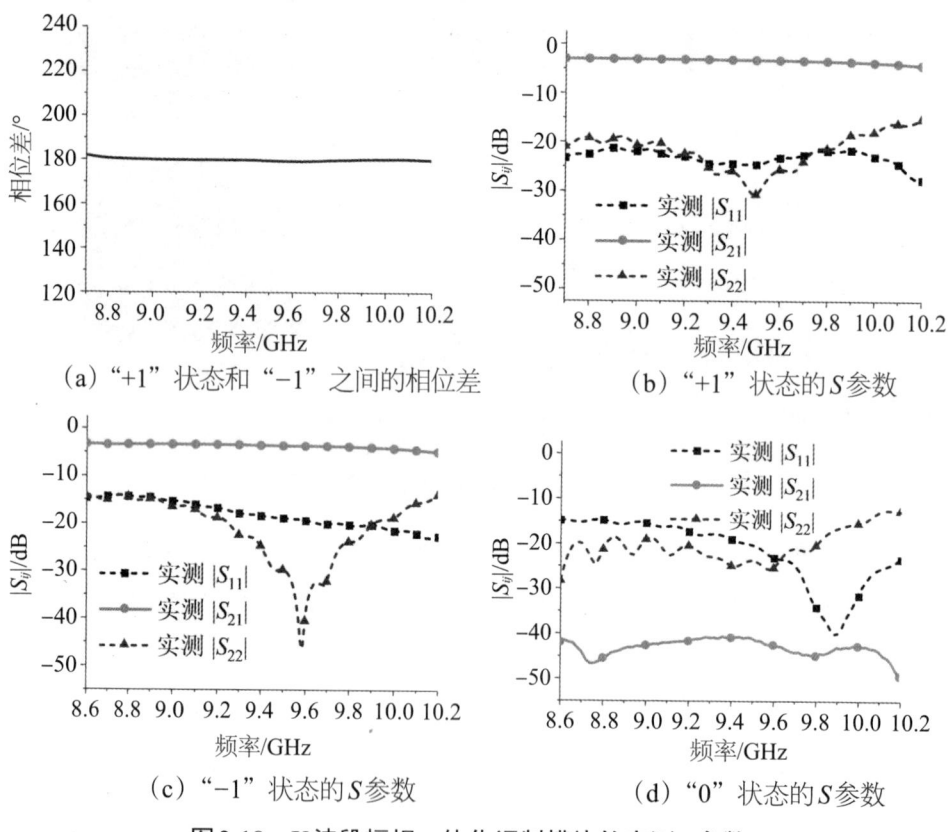

(a) "+1" 状态和 "-1" 之间的相位差 (b) "+1" 状态的 S 参数

(c) "-1" 状态的 S 参数 (d) "0" 状态的 S 参数

图 2-18 X 波段幅相一体化调制模块的实测 S 参数

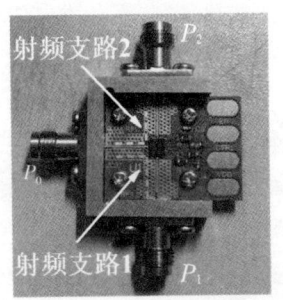

(a) 射频开关的性能评估电路

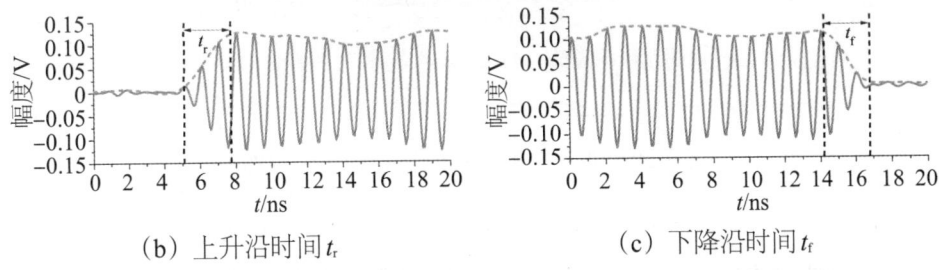

(b) 上升沿时间 t_r

(c) 下降沿时间 t_f

图 2-19 ADRF5020 射频开关上升时间 t_r 和下降时间 t_f 的测量结果

2.4.4 非理想模型的实验验证

本小节将通过实验手段对非理想模型的有效性进行验证。图 2-20 展示了非理想模型有效性验证的流程。其中，非理想模型的输入变量为幅相一体化调制模块的实测电路性能，包括开关上升沿时间 t_r、下降沿时间 t_f、幅度不平衡 v_A、静态相位误差 v_P。如果实测的幅度调控量 α、相位调控量 β 以及功率谱的泄露效应与基于上述参数的非理想模型的仿真结果相吻合，则模型的有效性得到验证。

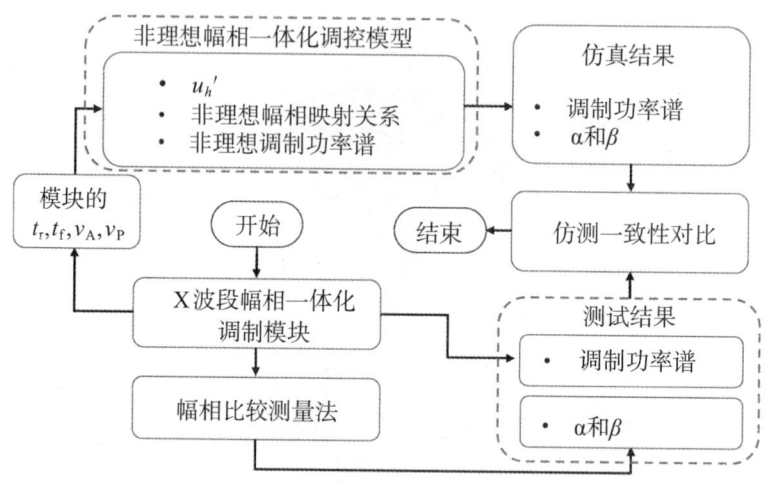

图 2-20　非理想模型有效性验证的流程图

将基于上一小节研制的 X 波段幅相一体化调制模块用来验证非理想模型的有效性。不失一般性地，将射频信号的载波频率 f_c 设置为 10.0 GHz，调制频率 f_p 设置为 10.0 MHz。在此情况下，开关的上升沿时间 t_r 和下降沿时间 t_f 在 $0.02T_p$ 至 $0.03T_p$ 之间。图 2-21（a）对比了相位调控量 β 的测试结果与仿真结果。不失一般性地，图 2-21（a）给出了在 $\alpha = 0$ dB 的情况下获得的相位调控量 β。其中，β 的测量范围为 $-180°$ 到 $+180°$，测量步进为 $10°$；β 的仿真结果由式（2-44）得到。图 2-21（b）对比了幅度调控量 α 的测试结果与仿真结果。在实测过程中，状态持续时间 τ_s 的取值范围为 $0.1T_p$ 至 $0.5T_p$。不失一般性地，图 2-21（b）给出了下列状态持续时间 τ_s 的测试结果：$0.1T_p$、$0.115T_p$、$0.13T_p$、$0.145T_p$、$0.165T_p$、$0.19T_p$、$0.215T_p$、$0.25T_p$、$0.29T_p$、$0.35T_p$、$0.37T_p$、$0.395T_p$、$0.425T_p$、$0.5T_p$。在幅度调控量 α 的仿真方面，图 2-21（b）分别给出了基于理想调制时序 $U(t)$ 和非理想调制时序 $U'(t)$（$t_r = t_f = 0.02T_p$ 和 $t_r = t_f = 0.03T_p$）的仿真结果。由图 2-21（b）可知，相比基于理想调制时序 $U(t)$ 的仿真结果，幅相调控量 α 的测试结果更接近非理想调制时序 $U'(t)$（$t_r = t_f = 0.02T_p$ 和 $t_r = t_f = 0.03T_p$）的仿真结果。上述仿真和测试结果证明了提出的非理想模型在评估实际电路幅相调控量方面的有效性，这对于提高实际器件的幅相一体化调控精度具有重要意义。

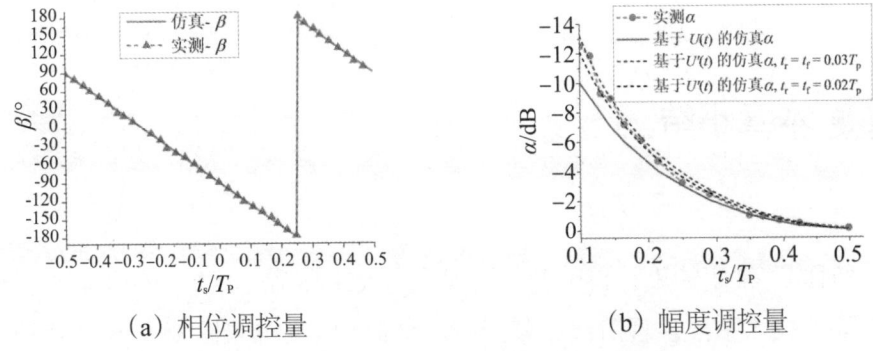

(a) 相位调控量　　　　　　　　(b) 幅度调控量

图 2-21　幅相调控量的测试和仿真结果对比

图 2-22 从调制功率谱的角度进一步地验证了非理想模型的有效性。不失一般性地，图 2-22（a）和图 2-22（b）分别给出了幅度调控量 $\alpha = 0$ dB 和 $\alpha = -3.9$ dB 时的调制功率谱。由于器件的非理想特性，调制功率谱在中心频率 $f_c = 10.0$ GHz 和偶次谐波频率（如 10.02 GHz、10.04 GHz 等，$f_p = 10.0$ MHz）时出现了频谱泄露。作为对比，图 2-22（a）的仿真结果是在 $t_r = t_f = 0.03 T_p$ 和 $\tau_s = 0.5 T_p$（$\alpha = 0$ dB）的参数设置下基于式（2-42）得到的；图 2-22（b）的仿真结果是在 $t_r = t_f = 0.03 T_p$ 和 $\tau_s = 0.25 T_p$（$\alpha = -3.9$ dB）的参数设置下基于式（2-42）得到的。

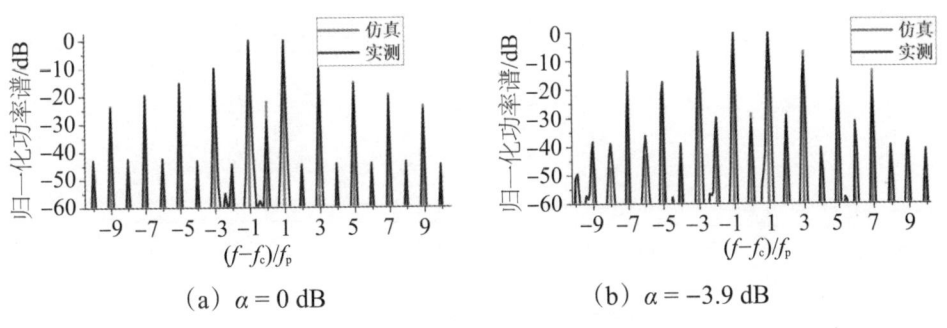

(a) $\alpha = 0$ dB　　　　　　　　(b) $\alpha = -3.9$ dB

图 2-22　调制功率谱的测量和仿真结果

2.5 本章小结

"时间"维度的设计自由度为实现阵列天线高精度幅相一体化调控提供了可靠的技术手段。现阶段，基于空时调制理论的幅相一体化调控在边带辐射抑制和器件级非理想特性建模两方面的发展存在不足。本章针对上述发展不足开展创新研究，主要贡献和创新点如下。

（1）提出了多支路幅相一体化调控技术，将边带辐射抑制问题分解成射频通道内非期望谐波抑制问题和阵列天线谐波波束优化问题，通过引入并联型调制电路的拓扑结构，实现了阵列天线幅度和相位的一体化、高精度控制和边带辐射的高效抑制。

（2）建立了包含调制器件幅度不平衡、静态相位误差、射频开关切换时间的非理想幅相一体化调控模型，提高了实际器件的幅相一体化控制精度。

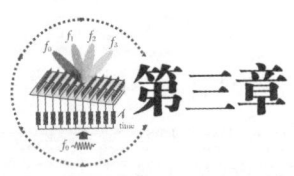

第三章

基于空时调制理论的高效率相位调制技术及其阵列应用

3.1 引言

在阵列天线的众多评价指标中,效率在一定程度上决定了雷达、无线通信等现代电子系统的有效作用距离,是高性能阵列天线设计中的关键技术指标。例如,对于卫星通信系统,有效全向辐射功率(effective isotropic radiated power,EIRP)衡量了卫星转发器在指定方向上的辐射功率[151],是卫星通信系统性能的重要评估指标。阵列天线效率的提升带来的最直接的好处便是通信系统EIRP的改善。相反,若在一个本身性能优越的卫星通信系统中配置一副效率极低的阵列天线,则系统的EIRP会因此急剧下降,从而影响通信质量。如何尽可能地提升阵列天线的效率一直是天线工程领域的关键问题。

现有的空时调制阵列天线普遍面临效率瓶颈。一方面,传统周期"0/1"幅度调制会在"0"状态吸收一部分功率,使得天线单元获得的功率显著低于阵列输入功率;另一方面,空时调制阵列存在多谐波效应,使得期望谐波频率上的辐射功率始终低于阵列的总辐射功率。尽管由上述两方面引起的效率降低问题可以通过采取调制时序优化[30]或可重构功分网络设计[44]

等措施缓解，但现有效率改进方案所涉及的时序设计方法和阵列硬件都比较复杂，影响了阵列设计的灵活性，且对效率的提升效果有限，难以匹配新一代雷达和通信系统对高效率空时调制阵列的迫切需求。尤其是在波束扫描应用方面，调制效率还有待进一步地提高。例如，基于I/Q架构的单边带调制在波束扫描应用中得到了广泛研究[85-96]，而典型文献［85］、［86］和［93］的调制效率为30.4%、47.5%和49.9%。文献［141］对单边带调制电路的调制效率进行了深入分析，指出I/Q架构总会导致超过一半的功率由调制模块内部的合路器损耗掉，使得实际调制效率始终小于50.0%。可见，尽管空时调制阵列天线在高精度波束调控方面具有潜在优势，调制时序及调制模块的电路拓扑结构限制了调制效率的进一步提升。

  针对上述问题，本章将开展高效率相位调制技术及其阵列应用研究。首先，提出递增相位调制技术。该技术在阵列天线单元进行"0°/90°/180°/270°"递增顺序的周期相位调制，从而避免传统周期"0/1"幅度调制中"0"状态的功率吸收问题和现有单边带调制I/Q架构的功率损失问题，使得调制效率显著改善。在此基础上，针对实际样机与理论模型之间的性能差异，提出一个非理想递增相位调制阵列模型，从而为精确仿真动态调制下的波束扫描性能提供可靠的技术手段。

3.2 递增相位调制理论及其波束扫描方法研究

3.2.1 递增相位调制理论

基于递增相位调制的波束扫描系统框图如图 3-1 所示。该系统由一套 N 单元均匀直线阵列天线、N 个相位调制模块、一块 FPGA、一个 N 路功率分配网络、一台信号发生器和一个高功率放大器（high power amplifier, HPA）组成。其中，相位调制模块由 SPDT 射频开关和 4 条固定相位延迟线组成。FPGA 产生的数字逻辑信号控制射频开关 S_1、S_2、S_3 和 S_4 的切换状态，使得相位调制模块呈现出四种工作状态，即"0°"状态、"90°"状态、"180°"状态和"270°"状态。数学上，上述四种工作状态也可称为"1"状态、"$e^{j\pi/2}$（$e^{-j3\pi/2}$）"状态、"$e^{j\pi}$（$e^{-j\pi}$）"状态和"$e^{j3\pi/2}$（$e^{-j\pi/2}$）"状态。相位调制模块的工作状态真值表见表 3-1 所列，表 3-1 中，"1"表示 SPDT 开关的"p_1"状态导通，"0"表示 SPDT 开关的"p_2"状态导通。

定义图 3-1 中的第 n 个相位调制模块的调制时序为 $U_n(t)$，其具体表达式为

$$U_n(t) = \sum_{q=-\infty}^{+\infty} v(t - t_s^n - qT_p) \tag{3-1}$$

$$v(t) = \begin{cases} e^{j0}, & 0 \leqslant t \leqslant T_p/4 \\ e^{j\pi/2}, & T_p/4 \leqslant t \leqslant T_p/2 \\ e^{j\pi}, & T_p/2 \leqslant t \leqslant 3T_p/4 \\ e^{j3\pi/2}, & 3T_p/4 \leqslant t \leqslant T_p \end{cases} \tag{3-2}$$

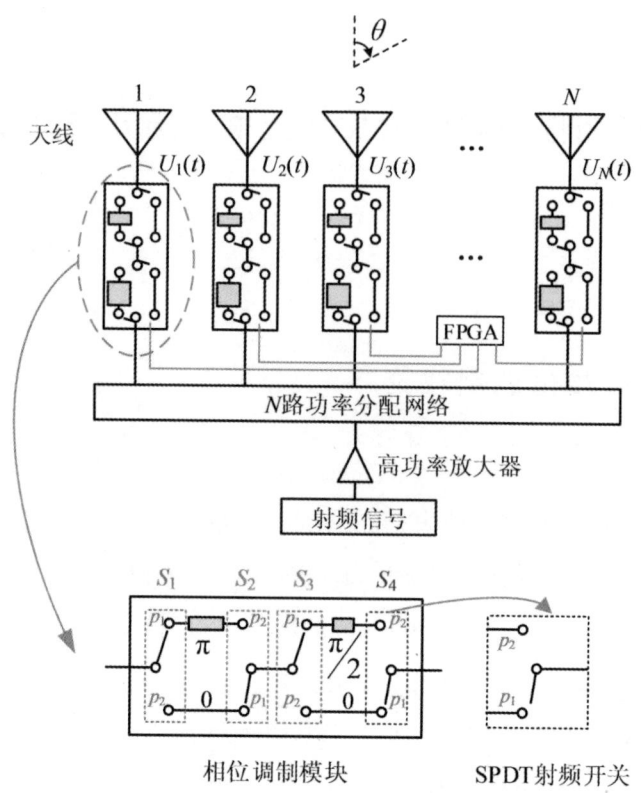

图3-1 基于递增相位调制的波束扫描系统框图

表3-1 相位调制模块的工作状态真值表

$U_n(t)$	S_1	S_2	S_3	S_4
1	0	1	0	1
$e^{j\pi/2}$	1	0	1	0
$e^{j\pi}$	1	0	0	1
$e^{j3\pi/2}$	0	1	1	0
0	其他组合			

式（3-1）中，T_p 表示调制周期，它与调制频率 f_p 互为倒数，即 $f_p = 1/T_p$；$v(t)$ 为 $U_n(t)$ 在单位时间调制周期 T_p 内的调制函数（$0 \leqslant t \leqslant T_p$）；$t_s^n$ 为第 n 个调制时序的状态起始时刻，且 $-T_p/2 \leqslant t_s^n \leqslant T_p/2$。

由式（3-2）可知，$v(t)$ 在每个调制周期 T_p 内都具有四个持续时间为 $T_p/4$

的工作状态,且任意一个工作状态都比前一个工作状态超前π/2相位。正是基于这种相位状态随时间递增的特点,本章将式(3-1)中的调制时序命名为递增相位调制时序。

受到相位的递增动态调制,如图3-1所示的阵列天线辐射电场可以表示为[20]

$$E(\theta, t) = e_0(\theta) \cdot e^{j2\pi f_c t} \sum_{n=1}^{N} U_n(t) \cdot e^{jk(n-1)d\sin\theta} \quad (3-3)$$

式(3-3)中,f_c 表示阵列天线的中心频率;$e_0(\theta)$ 表示阵列的单元方向图;θ 表示以阵列天线侧射方向为基准的观测角度;k 表示自由空间波数;d 表示阵列天线单元间距。

由于 $U_n(t)$ 是一个关于时间 t 的周期性函数,可以按式(2-6)将其写成如下傅里叶级数和的形式。对于第 n 个调制时序的第 h 次傅里叶系数 u_h^n,其物理意义为第 n 个天线单元在第 h 次谐波频率分量 f_c+hf_p 的等效激励。根据傅里叶级数理论,u_h^n 的解析表达式为

$$u_h^n = \begin{cases} 0, & h = 0 \\ \dfrac{1}{\pi h}[1+(-1)^{h-1}][1+(+j)^{h-1}]\sin(\dfrac{\pi h}{4})e^{-j2\pi h f_p t_s^n}e^{-j\frac{\pi h}{4}}, & h \neq 0 \end{cases} \quad (3-4)$$

由式(3-4)可知,正一边带相比其他边带具有更高幅值。因此,阵列天线将利用正一边带频率实现波束扫描,其等效激励为 u_{+1}^n。根据式(2-12)和式(2-18)可知,相位调制模块的调制效率 η_T^{Module} 和调制损耗 δ_T^{Module} 分别为

$$\eta_T^{\text{Module}} = \frac{|u_{+1}^n|^2}{\sum\limits_{h=-\infty}^{+\infty}|u_h^n|^2} \times \frac{1}{T_p}\int_0^{T_p}|U_n(t)|^2 dt = 81.1\% \quad (3-5)$$

$$\delta_T^{\text{Module}} = -10\lg(\eta_T^{\text{Module}}) = 0.91 \text{ dB} \quad (3-6)$$

而对于基于I/Q架构的单边带调制模块[85-96]来说,调制模块内部的合路器总会损耗掉超过一半的功率,使得实际调制效率始终小于50.0%[141]。可见,提出的相位调制模块突破了相比基于I/Q架构的单边带调制的效率上界,在低损耗的应用场景中更具应用潜力。

3.2.2 基于递增相位调制的波束扫描方法

对于图 3-1 给出的基于递增相位调制的波束扫描系统,定义其扫描角度为 θ_d。一方面,根据相控阵相关理论可知,期望扫描角度 θ_d 与正一次谐波分量上需要实现的相位调控量 β_n 之间的数学关系如下[1]:

$$\beta_n = -kd(n-1)\sin\theta_d \tag{3-7}$$

另一方面,根据傅里叶系数的时移特性,状态起始时刻 t_s^n 在正一次谐波频率上实现的相位调控量 β_n 由式(3-8)计算:

$$\beta_n = -2\pi f_p t_s^n, \quad -T_p/2 \leqslant t_s^n \leqslant T_p/2 \tag{3-8}$$

因此,任意期望扫描角度 θ_d 与状态起始时刻 t_s^n 之间的关系如下:

$$t_s^n = \begin{cases} (\varphi_n - [\varphi_n] - 1)T_p, & \varphi_n - [\varphi_n] > 0.5 \\ (\varphi_n - [\varphi_n])T_p, & \varphi_n - [\varphi_n] \leqslant 0.5 \end{cases} \tag{3-9}$$

$$\varphi_n = d/\lambda_c(n-1)\cdot\sin\theta_d \cdot T_p \tag{3-10}$$

式(3-9)中,[·]表示向下取整(如[1.3] = 1、[-1.3] = -2);式(3-10)中,λ_c 为频率 f_c 对应的自由空间波长。

因此,当阵列结构、中心频率 f_c 和调制周期 f_p 都确定时,对于任意期望扫描角度 θ_d,总能找到各个模块递增相位调制时序的状态起始时刻 t_s^n。在此基础上,将 t_s^n 带入式(3-1)即可获得调制时序 $U_n(t)$。

3.2.3 基于空时相位调制的Ku波段阵列原理样机研制

本小节将开展 Ku 波段空时相位调制阵列样机的研制工作,为递增相位调制理论的有效性验证提供硬件支撑。具体来说,本小节首先研制一款基于 SPDT 射频开关和带地共面波导（coplanar waveguide with ground，CPWG）结构的 Ku 波段相位调制模块，然后基于该器件研制一款 64 单元空时相位调制阵列样机。

3.2.3.1　Ku 波段相位调制模块

Ku 波段相位调制模块的射频层电路结构如图 3-2（a）所示，加工实物图如图 3-2（b）所示。该模块由一个 180°移相单元和一个 90°移相单元级联而成。每个移相单元的射频线路采用了 CPWG 结构。相位调制模块的工作状态由两个 SPDT 射频开关切换，开关型号为 ADI 公司的 ADRF5020[150]。相位调制模块最终的设计参数如下（单位：mm）：$W_1 = 0.356$，$W_2 = 0.33$，$W_3 = 0.203$，$W_4 = 0.152$，$L_1 = 3.48$，$L_2 = 7.7$，$L_3 = 7.11$，$L_4 = 4.90$，$L_5 = 1.36$，$L_6 = 3.93$，$L_7 = 2.26$，$L_8 = 6.90$，$L_9 = 7.25$，$L_{10} = 9.91$，$L_{11} = 0.80$，$L_{12} = 6.60$，$L_{13} = 3.80$，$L_{14} = 2.40$，$L_{15} = 7.6$。根据表 3-1，相位调制模块在四个 SPDT 射频开关的控制下呈现出"0°"状态、"90°"状态、"180°"状态和"270°"状态。

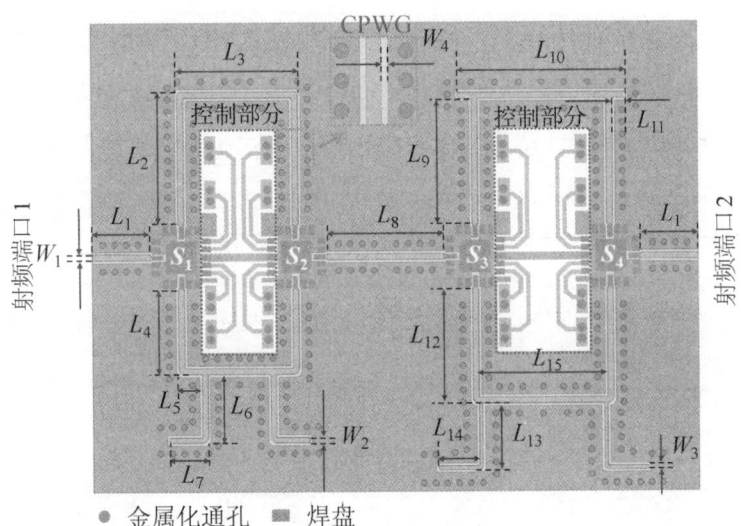

(a) 射频层电路结构图

（b）加工实物图

图3-2　基于SPDT射频开关的Ku波段相位调制模块

Ku波段相位调制模块的 S 参数如图3-3所示。仿真结果表明，在14.0～18.0 GHz的工作频段内，相位调制模块在不同的工作状态下总是保持良好阻抗匹配；此工作频段内不同相位工作状态下的移相误差为2°（17.0 GHz），幅度不平衡的典型值为0.5 dB（17.0 GHz）；模块插入损耗的典型值为6.8 dB（17.0 GHz）。由于射频连接器和介质基板的额外损耗，实测移相误差、幅度不平衡与插入损耗相比，仿真结果略有增大，但趋势吻合良好。值得一提的是，调制模块的插入损耗主要来自ADRF5020开关（每个约1.5 dB），实际工程应用可根据需求对射频开关进行灵活选型，以实现更低的插入损耗。从测试和仿真结果来看，提出的相位调制模块在14.0～18.0 GHz的工作频段内具有期望的"0°""90°""180°"和"270°"四种状态，为后续空时相位调制阵列样机的研制提供了性能良好的调控组件。

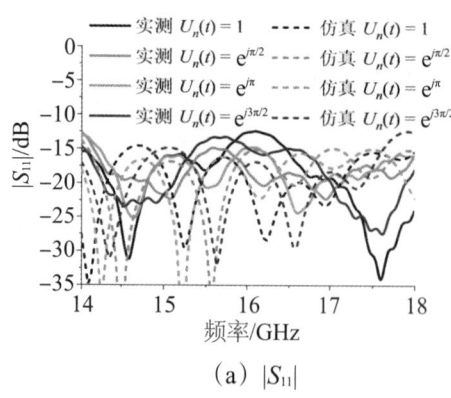

（a）$|S_{11}|$

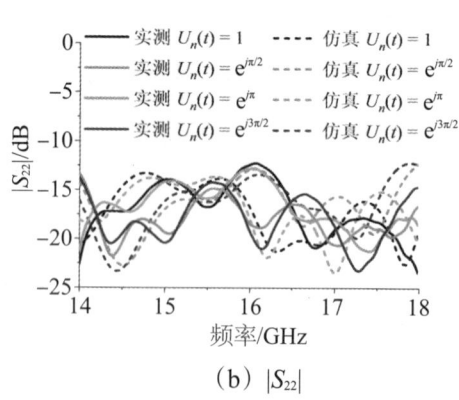

（b）$|S_{22}|$

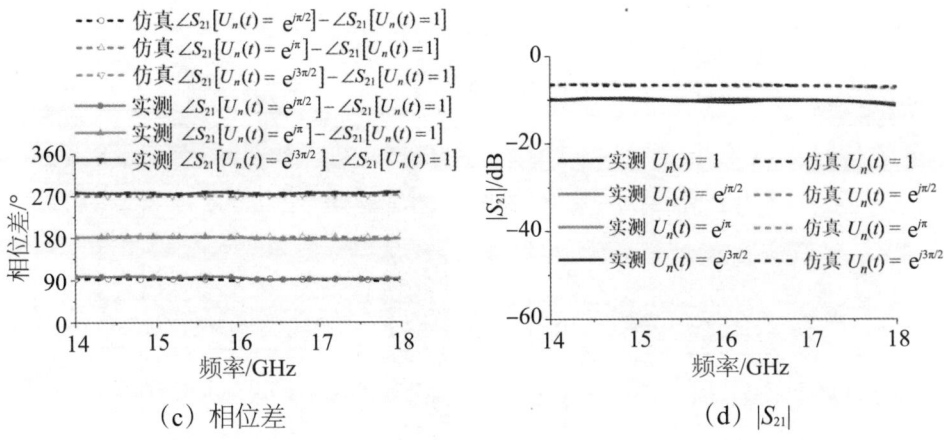

(c) 相位差 (d) |S_{21}|

图 3-3　Ku 波段相位调制模块的 S 参数

3.2.3.2　Ku 波段 64 单元空时相位调制阵列

接下来将设计一套 64 单元阵列天线。阵列天线的规模设计为 4×16，即由 16 个 1×4 子阵单元组成，子阵单元的结构如图 3-4 所示。具体地，每个子阵单元由 4 个双层印刷偶极子天线和 1 个 4 路功分网络组成，采用三层印制电路板工艺加工而成。其中，图 3-4 中的顶层和中间层印制在一片厚 0.508 mm 的 Rogers RO4350B 介质基板的两面，底层印制在另一片相同厚度 Rogers RO4350B 介质基板的一面。两片介质基板由一片厚 0.2 mm 的 Rogers RO4450F 半固化片压合成一块完整的三层电路板。如图 3-4 所示，印制电路板置于一个金属腔体内，由 5 颗螺钉和 5 颗螺母进行固定。双层印刷偶极子天线的地板平行于 xoy 面，由一块开槽铝板实现。在金属墙体的两侧引入两个 L 形金属支撑件，以保证天线与地板之间的垂直关系。为了保证结构稳定性，每个 L 形支撑件通过螺钉和螺母固定。子阵由一个 SMP 接头馈电，其单元间距 d = 8.0 mm。

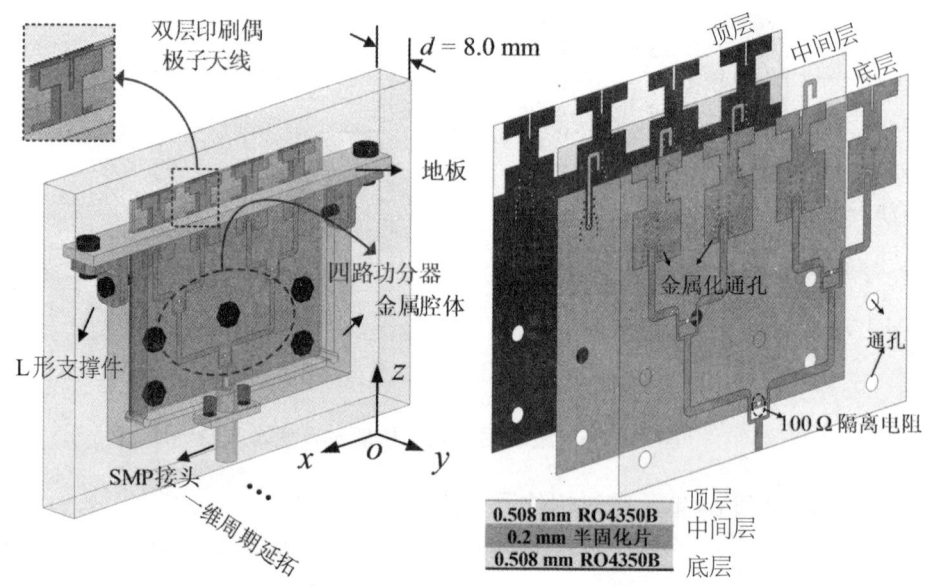

图3-4 Ku波段阵列天线1×4子阵单元结构图

图3-5（a）给出了Ku波段阵列天线的加工实物图，图3-5（b）给出了该阵列中心单元［图3-5（a）中的"★"标注］的有源驻波比仿真和测试结果。当阵列从$\theta_d = 0°$扫描到$\theta_d = 50°$，子阵单元在14.0~18.0 GHz的工作频段内的有源驻波比始终小于2.0（Active VSWR < 2.0），这表明研制的Ku波段阵列天线具有良好的阻抗匹配特性，可作为空时相位调制阵列样机的辐射组件。

Ku波段64单元空时相位调制原理样机可在如图3-2（b）所示的相位调制模块和如图3-5（a）所示的阵列天线的基础上实现，如图3-6所示。其中，16个相位调控模块由一个16路功分器馈电。原理样机采用了Xilinx公司的7系列FPGA，其型号为Artix-7。

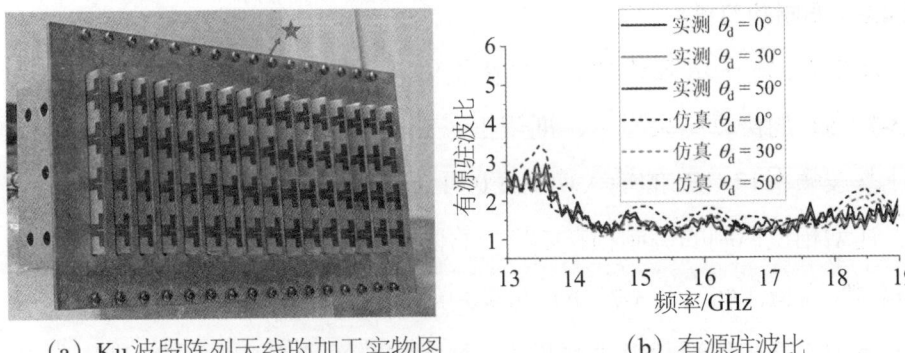

(a) Ku波段阵列天线的加工实物图　　　　(b) 有源驻波比

图 3-5　Ku 波段阵列天线加工实物图及有源驻波比

图 3-6　Ku 波段空时相位调制阵列原理样机实物图

3.2.4　数值仿真与实验验证

本小节将基于 3.2.3 节研制的空时相位调制原理样机开展仿真和实验研究，以验证提出的递增相位调制理论及其波束扫描方法的有效性。不失一般性地，本小节实验验证的射频信号载频 f_c = 17.0 GHz，调制频率 f_p = 100.0 kHz。

3.2.4.1 调制功率谱

图 3-7 给出了单载频 CW 信号在相位调制模块的输入和输出功率谱。图 3-7（a）的仿真结果显示，期望正一次谐波频率 17.000 1 GHz 的输出功率比基波频率 17 GHz 的输入功率低 0.91 dB。由式（2-12）和式（2-18）可知，递增相位调制的调制损耗 $\delta_\mathrm{T}^\mathrm{Module}$ 的仿真结果为 0.91 dB，对应的调制效率 $\eta_\mathrm{T}^\mathrm{Module}$ 为 81.1 %。图 3-7（b）的实测结果与仿真结果相比略有差异，这主要是由实际相位调制模块的开关切换时间和幅相不平衡等非理想因素造成的。尽管如此，仿真和实测取得了较好的一致性，证明了递增相位调制的高性能。

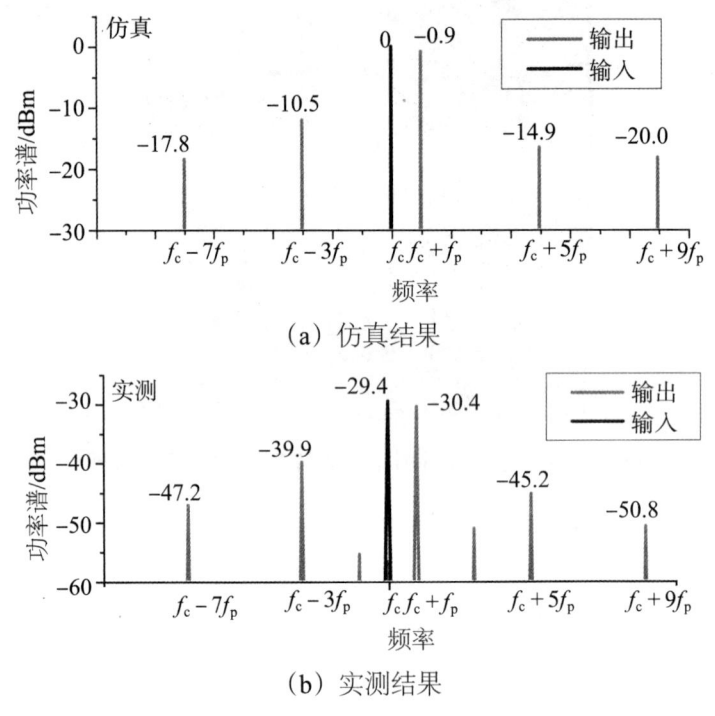

图 3-7 递增相位调制的功率谱

3.2.4.2 波束扫描性能

接下来对递增相位调制的波束扫描能力进行验证。不失一般性地，这里设置期望扫描角度 $\theta_\mathrm{d} = 10°$、$20°$、$30°$ 和 $40°$。根据期望扫描角度 θ_d，不同射频通道的相位调制模块所需的调制时序 $U_n(t)$ 的状态起始时刻 t_s^n 可由式（3-9）计算，其结果如图3-8所示。不同射频通道的调制时序 $U_n(t)$ 如图3-9所示。辐射方向图的测量是在微波暗室进行的，如图3-10所示。在发射端，空时调制阵列置于天线转台上，由FPGA根据调制时序 $U_n(t)$ 生成相应的数字逻辑信号实现波束扫描。在接收端，由标准增益喇叭天线测量第一边带的辐射方向图。图3-11给出了64单元基于递增相位调制阵列辐射方向图的仿真和测试结果。递增相位调制总是能够将阵列天线的主瓣扫描到期望的角度，这表明了递增相位调制技术在波束扫描方面的有效性。为了进一步说明引入时间维度调控自由度在阵列天线辐射控制方面的优越性，图3-12对比了时间调制状态下和非时间调制状态下的辐射方向图测试结果。如果不考虑"时间"维度的调控，相位调制模块在功能上与传统2 bit 移相器等效，此时的辐射方向图由于量化误差会不可避免地出现副瓣抬升。对比发现，时间调制可以显著降低阵列天线辐射方向图的量化误差，这在提高阵列天线调控精度、降低链路损耗等方面均具有积极意义。

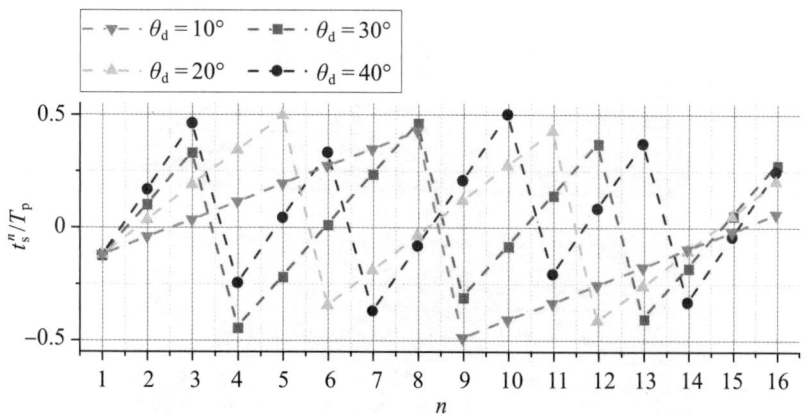

图3-8　不同期望扫描角度对应的时序状态起始时刻 t_s^n

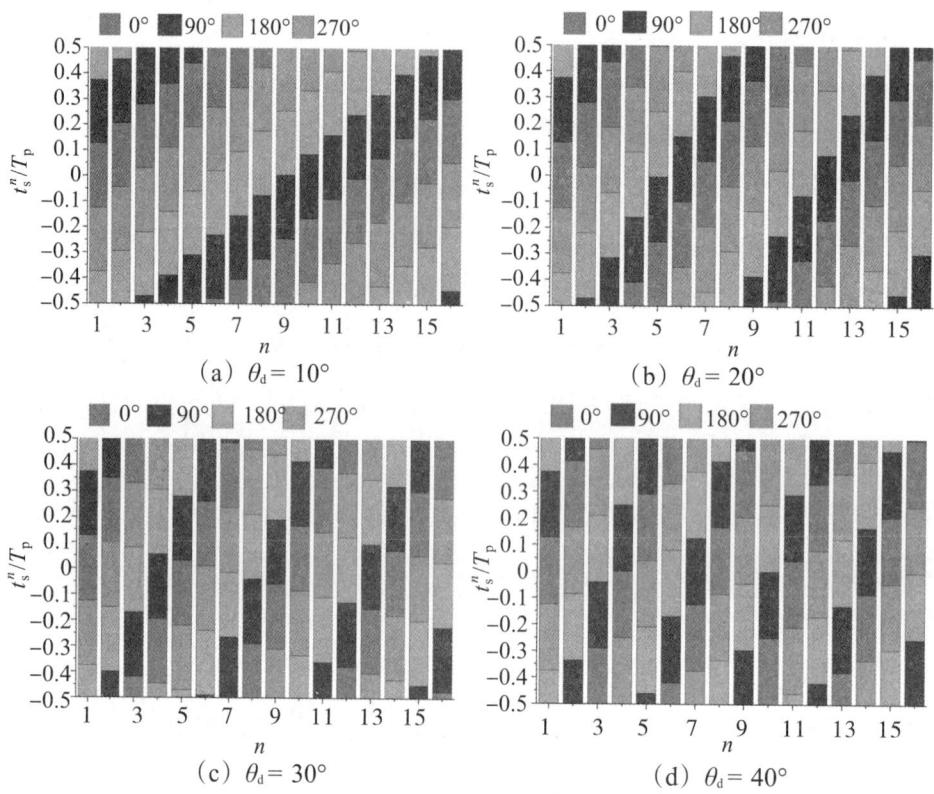

图 3-9 递增相位调制时序 $U_n(t)$

图 3-10 递增相位调制的方向图测试场景图

(a) $\theta_d = 10°$

(b) $\theta_d = 20°$

(c) $\theta_d = 30°$

(d) $\theta_d = 40°$

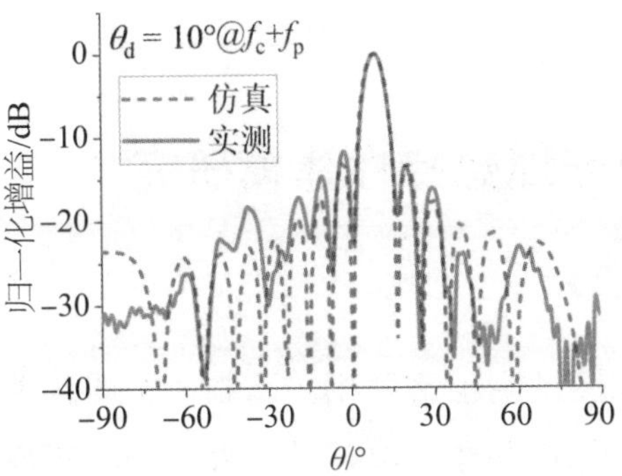

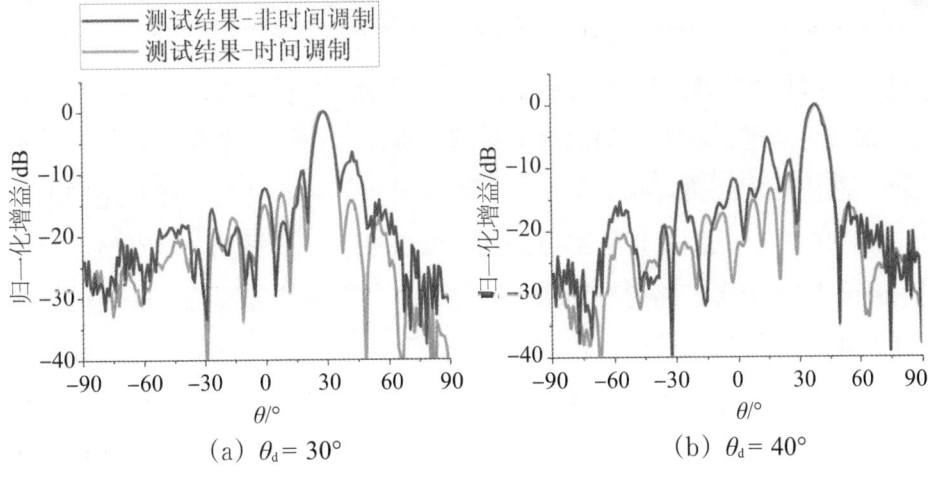

图3-11　基于递增相位调制的辐射方向图的仿真和测试结果

(a) $\theta_d = 30°$

(b) $\theta_d = 40°$

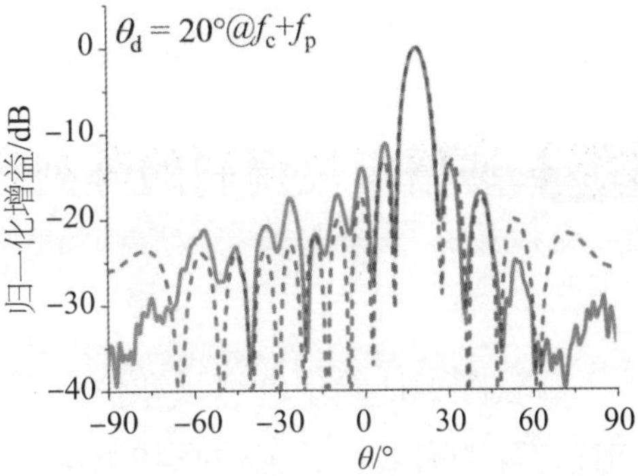

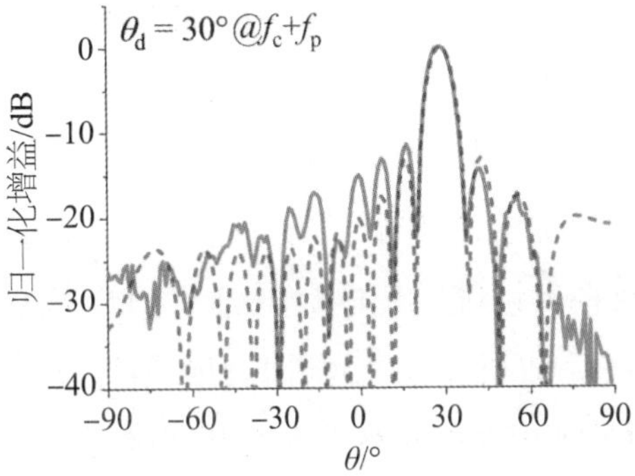

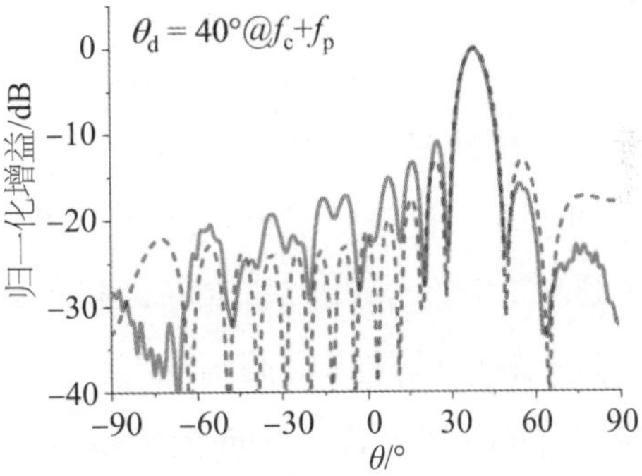

图3-12　时间调制和非时间调制状态下的实测辐射方向图对比

3.3 递增相位调制的阵列级非理想特性建模研究

尽管图 3-11 给出的测试和仿真方向图证明了递增相位调制在实现波束扫描方面的有效性，但仿真和测试之间仍然存在一定差异。进一步的研究发现，造成阵列仿测差异的根本原因在于 3.2 节递增相位调制理论模型没有充分考虑阵列非理想特性对辐射性能的影响。此外，在雷达、通信等无线电子系统的设计和研发过程中，通常需要在系统指标确定的情况下合理分配各类组件（如天线、时间调制器件、功率分配网络等）的设计指标，这就要求天线设计师准确把握动态调制下各类组件的非理想特性对辐射性能的影响。因此，深入研究非理想因素对辐射性能的影响，并建立包含典型非理想特性的阵列级调制模型，可以为预测实际动态调制下的辐射性能提供可靠的技术手段，进而为工程设计中各类组件的指标分配提供理论依据。

遗憾的是，目前学术界在阵列级非理想特性分析方面的研究还在初步阶段，大多数研究仅考虑了不同形状的切换上升/下降沿对辐射性能的影响[47, 90]，而对阵列中其他非理想因素还缺乏适当的研究。造成这部分研究缺失的主要原因是各类非理想因素的相互作用机理复杂，必须通过反复、大量的实验才能发现动态调制下的普遍规律，而如今大多数研究还停留在理论分析层面。

本节将从理论和实验层面直面挑战，提出一个全面考虑射频开关瞬态切换、波束形成网络幅相不平衡、天线单元互耦等非理想特性的递增相位调制阵列模型，从而实现辐射方向图副瓣电平、交叉极化、调制增益损失等性能的精确仿真。需要特别指出的是，本节涉及的非理想特性建模思路并不局限于递增相位调制。在本节非理想建模思路的启发下，天线设计师可建立各类非理想空时调制阵列模型，并基于此进行仿真分析和设计指标分配。因此，本节开展的阵列级非理想特性建模研究在推动空时调制阵列的工程化应用方面具有重要意义。

3.3.1 非理想特性建模方法

实际的空时相位调制阵列中的阵列天线、波束形成网络等关键部件都存在非理想特性，其不可避免地导致实际性能与理想模型仿真性能之间的偏差。如图 3-13 所示，空时相位调制阵列的典型非理想特性包括：（1）波束形成网络的射频开关瞬态切换特性；（2）波束形成网络的幅相不平衡特性；（3）阵列天线单元互耦、边缘效应和极化纯度等。与理想模型的仿真性能相比，实际阵列主要在以下几个方面存在偏差：副瓣电平、调制增益损失、交叉极化电平。其中，调制增益损失衡量了阵列天线因时间调制而导致的增益损失，可以由式（3-11）计算：

$$\sigma = G_{TM}^{\theta_d} / G_{ST} \tag{3-11}$$

式（3-11）中，$G_{TM}^{\theta_d}$ 表示阵列扫描至期望角度 θ_d 时的增益；G_{ST} 表示同一阵列在等幅同相理想激励时的增益。

调制增益损失 σ 包含了调制的谐波效应带来的损失和波束扫描时的辐射口径改变带来的损失。

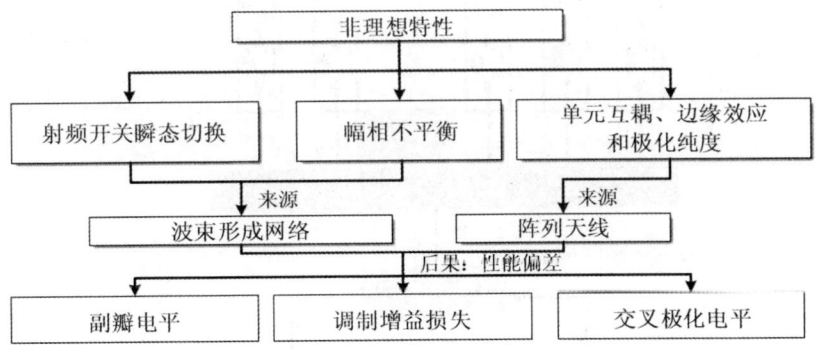

图 3-13 空时相位调制阵列的典型非理想特性及其对辐射性能的影响

为了解决实际空时调制阵列广泛存在的仿测性能偏差问题，笔者首先提出了一个同时考虑调制模块中射频开关瞬态切换和通道间幅相不平衡的非理想递增相位调制时序 $U_n^{\text{Nonideal}}(t)$：

$$U_n^{\text{Nonideal}}(t) = \begin{pmatrix} S_{n,s}^{0°} \\ S_{n,s}^{90°} \\ S_{n,s}^{180°} \\ S_{n,s}^{270°} \end{pmatrix}^{\text{T}} \begin{pmatrix} P_n(t) \\ P_n(t - T_p/4) \\ P_n(t - T_p/2) \\ P_n(t - 3T_p/4) \end{pmatrix} \quad (3\text{-}12)$$

$$P_n(t) = \sum_{q=-\infty}^{+\infty} p(t - t_s^n - qT_p) \quad (3\text{-}13)$$

式（3-12）和式（3-13）中，$S_{n,s}^X$ 是天线单元在"X"状态下由波束形成网络和端口"s"到第 n 个输出端口的传输系数（$X = 0°$，$90°$，$180°$，$270°$），如图 3-14 所示；$p(t)$ 是一个描述射频开关"截止—导通—截止"过程的射频包络（$0 \leq t \leq T_p$）。

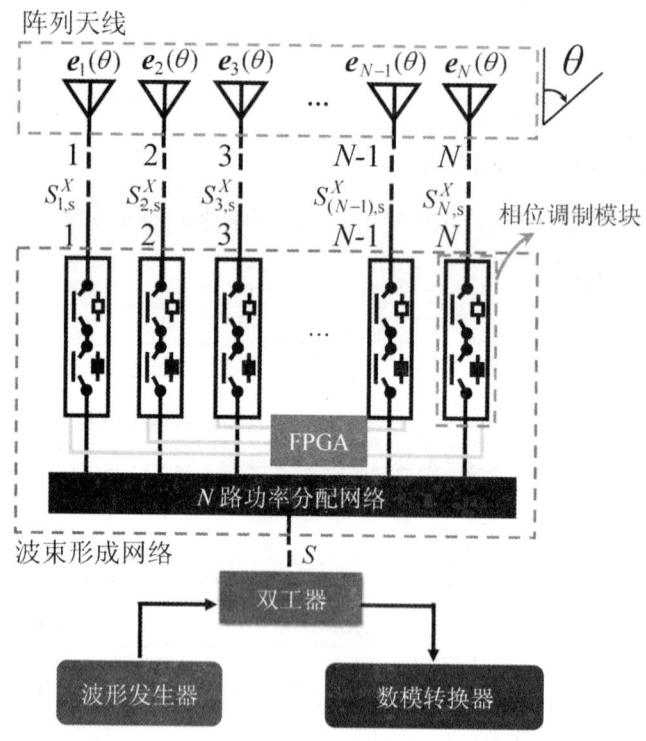

图3-14　非理想空时相位调制阵列的结构

在建模过程中，$p(t)$是由示波器对射频开关电路的"截止—导通—截止"过程进行测量得到的。考虑到递增相位调制每$T_p/4$间隔进行一次状态切换，在包络采样过程中将射频开关"截止—导通—截止"过程的时长设置为$T_p/4$。

基于非理想调制时序$U_n^{\mathrm{Nonideal}}(t)$，进一步地建立了辐射电场的精确性能评估模型：

$$E^{\mathrm{Nonideal}}(\theta,t)=\mathrm{e}^{j2\pi f_c t}\sum_{n=1}^{N}U_n^{\mathrm{Nonideal}}(t)\cdot e_n(\theta)=\mathrm{e}^{j2\pi f_c t}$$

$$\cdot\sum_{n=1}^{N}\begin{pmatrix}S_{n,\mathrm{s}}^{0°}\\S_{n,\mathrm{s}}^{90°}\\S_{n,\mathrm{s}}^{180°}\\S_{n,\mathrm{s}}^{270°}\end{pmatrix}^{\mathrm{T}}\begin{pmatrix}P_n(t)\\P_n(t-T_p/4)\\P_n(t-T_p/2)\\P_n(t-3T_p/4)\end{pmatrix}\cdot\left[e_{\mathrm{Co},n}(\theta)\boldsymbol{i}_{\mathrm{Co}}+e_{\mathrm{Cross},n}(\theta)\boldsymbol{i}_{\mathrm{Cross}}\right] \quad (3-14)$$

式（3-14）中，$e_n(\theta)$表示第n个天线单元的有源单元方向图；$e_{\mathrm{Co},n}(\theta)$和$e_{\mathrm{Cross},n}(\theta)$分别表示有源单元方向图$e_n(\theta)$的主极化分量和交叉极化分量；$\boldsymbol{i}_{\mathrm{Co}}$和$\boldsymbol{i}_{\mathrm{Cross}}$分别表示主极化分量和交叉极化分量的单位矢量。

文献[152]表明，阵列天线的有源单元方向图$e_n(\theta)$在仅激励第n个天线单元且其他单元的端口处于匹配状态下得到，其包含了实际阵列单元互耦和截断效应对辐射性能的影响。此外，式（3-14）考虑了主极化和交叉极化分量的有源单元方向图，这将有利于阵列交叉极化电平的精确仿真。因此，这里阐述的非理想模型能够同时考虑射频开关的瞬态切换、波束形成网络的幅相不平衡、天线的单元互耦、边缘效应、极化纯度等非理想特性对辐射性能的影响。

3.3.2 非理想特性建模过程

辐射性能准确评估的前提条件是有源单元方向图$e_n(\theta)$、波束形成网络

的传输系数 $S_{n,s}^X$ 以及射频包络 $p(t)$ 等作为输入变量输入非理想模型中。3.3.1 节提出的非理想特性建模方法可以基于上述参数的仿真和实测数据进行辐射性能分析。然而，在模型的有效性验证方面，为了尽可能地消除因数据导入而出现的性能偏差，应首先在非理想模型中导入实测的 $e_n(\theta)$、$S_{n,s}^X$ 和 $p(t)$，再基于这些输入数据仿真动态调制下的辐射方向图。实测 $e_n(\theta)$、$S_{n,s}^X$ 和 $p(t)$ 的数据按照以下步骤获取。

第一步：在微波暗室中，依次激励阵列天线中的每个子阵单元，获得所有子阵单元的有源单元方向图 $e_n(\theta)$。不失一般性地，有源单元方向图的测量频率设定为 17 GHz，即 f_c = 17 GHz，测试结果如图3-15所示。为了便于观测，图3-15仅展示了第1、4、7、10、13、16号子阵单元在 yoz 面的测试结果。

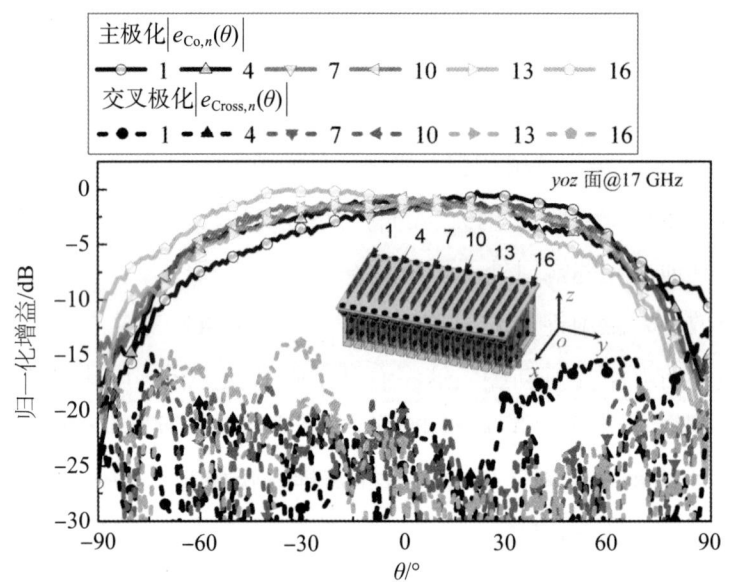

图3-15 阵列天线有源单元方向图的测试结果

第二步：利用矢量网络分析仪对波束形成网络的传输系数 $S_{n,s}^X$ 进行测量。波束形成网络由16个相位调制模块构成，每个调制模块需要测量4个工作状态。因此，样机中的波束形成网络总共有64个传输系数。不失一般性地，将传输系数的测量频率设定为 17 GHz，即 $f_c = 17$ GHz。传输系数的测试结果如图 3-16 所示。

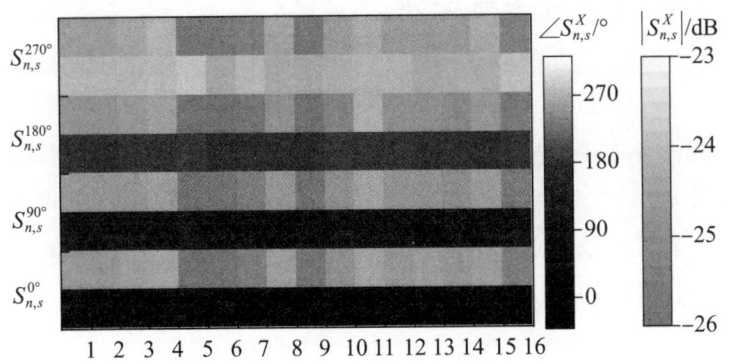

图 3-16　波束形成网络传输系数的测试结果

第三步：基于射频开关性能评估电路，获得射频开关的射频包络 $p(t)$。单个射频开关的射频包络数据通过测量如图 2-19（a）所示的性能评估电路得到。由于 ADRF5020 开关在如图 2-19（a）所示的射频支路 1 和射频支路 2 具有良好的一致性，射频包络 $p(t)$ 通过测量如图 2-19（a）中的射频支路 1 的"截止—导通—截止"过程获得。在测量过程中，输出端口 P_2 始终端接匹配负载。不失一般性地，"截止—导通—截止"过程的时长为 2.5 μs（$T_p = 10$ μs）。射频包络 $p(t)$ 的测量结果如图 3-17 所示。

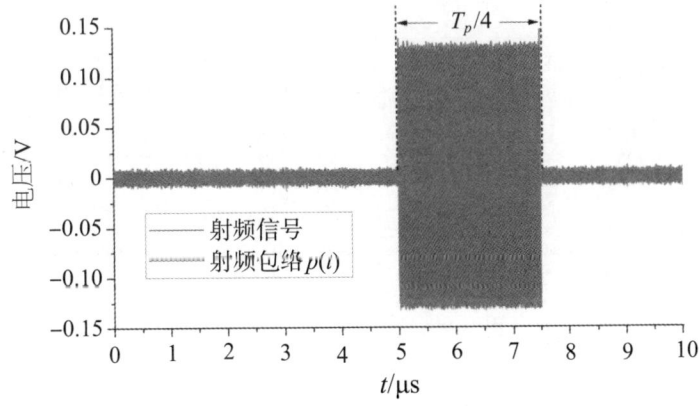

图 3-17　射频包络的测试结果

3.3.3 数值仿真与实验验证

基于非理想模型的递增相位调制仿真由以下步骤完成。首先，根据期望的扫描角度 θ_d 计算非理想调制时序 $U_n^{\text{Nonideal}}(t)$ 的状态起始时刻 t_s^n，由式（3-9）完成。其次，利用式（3-13）将如图 3-17 所示的射频包络 $p(t)$ 与状态起始时刻 t_s^n 结合，生成各个通道的周期性射频包络 $P_n(t)$。再次，利用式（3-12）将如图 3-16 所示的传输系数 $S_{n,s}^X$ 与 $P_n(t)$ 相结合，生成各个射频通道的非理想调制时序 $U_n^{\text{Nonideal}}(t)$。最后，利用式（3-14）将如图 3-15 所示的有源单元方向图 $e_n(\theta)$ 与 $U_n^{\text{Nonideal}}(t)$ 结合，生成阵列辐射方向图。

图 3-18 从副瓣电平、交叉极化、调制增益损失等方面对实测方向图与基于 3.2.1 节理想模型的仿真结果进行了进一步地对比。由于阵列规模的原因，非理想因素对波束指向和波束宽度的影响并不明显。然而，理想模型不能预测实际阵列的交叉极化电平。而且，与实测结果相比，副瓣电平差异（ΔSLL）在 $\theta_d = 30°$ 和 $40°$ 的情况下分别达到了 1.69 dB 和 2.17 dB。调制增益损失 σ 的仿测差异在 $\theta_d = 30°$ 和 $40°$ 的情况下分别达到了 1.3 dB 和 1.9 dB。

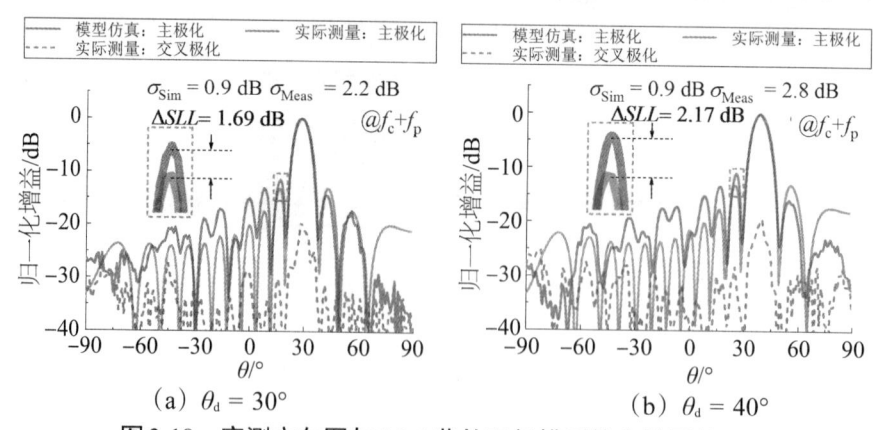

图 3-18　实测方向图与 3.2.1 节的理想模型仿真结果的对比

图3-19分别分析了阵列天线、波束形成网络非理想特性对辐射性能的影响。其中，图3-19（a）对比了实测方向图与仅考虑非理想调制时序$U_n^{\text{Nonideal}}(t)$的仿真结果；图3-19（b）对比了实测方向图与仅考虑有源单元方向图$e_n(\theta)$的仿真结果。图3-19（a）的对比结果显示，非理想调制时序$U_n^{\text{Nonideal}}(t)$能够将副瓣电平差异（ΔSLL）缩小到0.38 dB。然而，由于图3-19（a）的仿真没有考虑天线层面的非理想特性，实际阵列的交叉极化电平仍然无法预测。有源单元方向图能够预测实际时间调制阵列的交叉极化电平，如图3-19（b）所示。然而，由于图3-19（b）的仿真没有考虑波束形成网络的非理想特性，阵列的副瓣电平差异仍然高达1.71 dB。可见，为了准确分析实际阵列在动态调制下的辐射性能，必须基于提出的非理想模型，同时考虑阵列天线和波束形成网络的非理想特性。

图3-20对比了实测方向图与基于非理想模型的仿真方向图。对比结果显示，非理想调制模型将$\theta_d = 30°$和40°时的副瓣电平仿测差异（ΔSLL）分别缩小到了0.29 dB和0.20 dB。仿真和测试的调制增益损失σ的差异在$\theta_d = 30°$和40°的情况下分别缩小到了0.6 dB和0.4 dB。此外，非理想模型的仿真交叉极化与实测结果吻合良好。相比理想模型，非理想模型在计算阵列天线副瓣电平、交叉极化电平、调制增益损失等方面都具有更高的准确性。上述仿真和测试结果验证了提出的非理想模型的有效性。

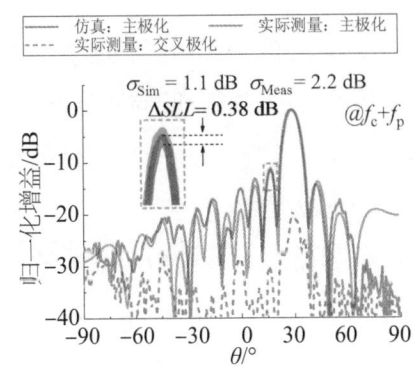 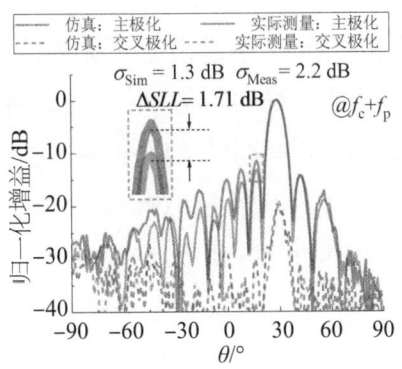

图3-19 实测方向图与两种非理想仿真结果的对比

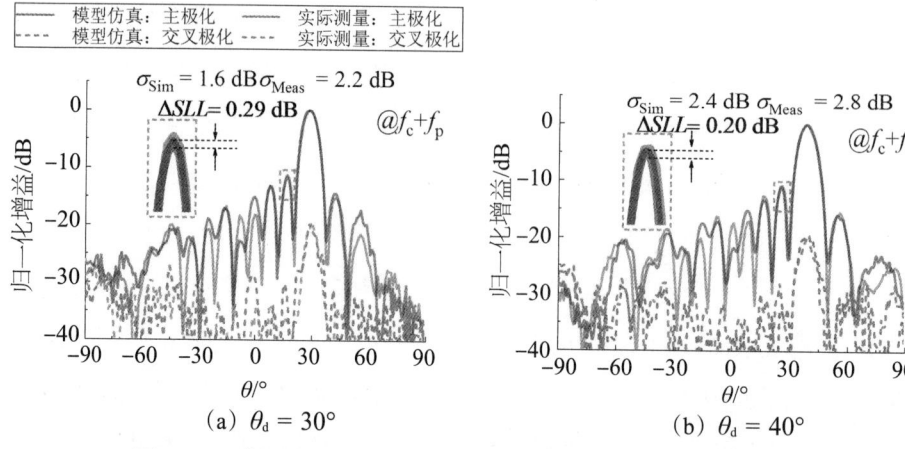

图 3-20 实测方向图与 3.3.1 节的非理想模型仿真结果的对比

3.4 本章小结

"时间"维度的动态调制会引起功率吸收和多谐波效应,导致阵列天线效率降低,这是自空时调制阵列诞生以来一直存在的瓶颈问题。合理设计调制模块和调制时序,使得期望频率分量上的功率尽可能地高,是提升空时调制阵列效率的有效手段。本章的主要创新点总结如下。

(1) 提出了递增相位调制技术,通过在天线单元采用了"0°/90°/180°/270°"顺序递增的周期相位调制,避免了传统"0/1"周期调制在射频通道内的功率吸收问题以及 I/Q 调制的功率损失问题,突破了现有单边带调制技术的效率理论上界(50.0%),实现了 81.1% 的调制效率。

(2) 建立了一个非理想递增相位调制阵列模型。该模型全面地考虑了射频开关的瞬态切换、波束形成网络的幅相不平衡、天线的单元互耦等非理想特性对空时调制阵列辐射性能的影响,为精确预测实际动态调制下的辐射性能提供了可靠的技术手段。

第四章

基于空时伪随机调制的阵列天线辐射调控技术

4.1 引言

在新一轮科技革命和产业变革推动下，战场电磁空间已成为与陆、海、空、天等有形作战空间并重的无形作战空间，围绕电磁空间优势权的争夺是当今信息化战争的重要内容和首要行动[153]。为了匹配信息化作战水平，高精度目标识别、实时目标跟踪等性能成为了新一代雷达系统的迫切需求。这些性能必须要求阵列天线具备实时、高精度的波束赋形和波束扫描能力。得益于"时间"自由度，空时调制阵列天线具备更加灵活的电磁辐射调控优势。然而，面对错综复杂的电磁环境，新一代雷达系统对调制时序的实时设计，尤其是在低边带调制时序的实时、高效设计方面，提出了更加严苛的性能需求。这些需求很难通过现有调制技术实现，成为阻碍空时调制阵列向雷达应用推进的瓶颈。

截至目前，空时调制阵列的边带辐射抑制技术主要有两种：一是基于各类种群优化算法的调制时序优化技术；二是特殊设计的调制器件。对于低副瓣、非扫描波束调控应用，各种进化类算法广泛用于调制时序的优化，使得阵列天线的边带电平始终处于较低水平[46]。然而，优化算法不可避免地涉及"尝试和错误"过程，使得时序设计过程耗时且消耗大量计算资源。而对于波束扫描应用，正如2.3节所述，调制时序的表征参数与期望的幅相调控量一一对应，调制时序在边带抑制方面的设计灵活性不足。在此情况下，边带辐射主要由特殊设计的调制器件实现抑制。在这方面，本书的第二章提出了多支路幅相一体化调制模块，将波束扫描时的边带电平压制到-25.0 dB。此后，上海交通大学的倪刚博士在文献［154］中提出了级联多相位调制模块，利用32种相位调制状态实现了-29.83 dB的低边带电平。从国际上最先进的空时调制理论研究水平来看，阵列天线的边带辐射抑制效果很大程度上取决于优化算法的发展水平和调制器件的硬件复杂度。有限的平台计算资源和调制器件复杂度使得边带电平很难进一步降低。因此，雷达系统应用中实时、高精度、低边带的电磁辐射调控目标很难同时满足。

进一步的研究发现，现有的低边带设计更多的是带有一定盲目性的时序反复寻优过程或电路拓扑的迭代设计过程，缺乏从频域边带能量分布的物理机理层面实现高效抑制的方法和手段。以往的研究表明，边带辐射由频率域离散的调制功率谱产生。根据能量守恒定律，如果边带功率在频率域呈现连续的分布，而不仅是集中在多个离散的频率分量上，那么预期在每个单一边带频率都能实现极低的边带电平。基于上述观点，构造连续分布的调制功率谱有望从边带功率分布的物理机理层面实现边带辐射的高效抑制。而由傅里叶变换相关理论可知，连续的调制功率谱可以由伪随机调制产生。遗憾的是，目前学术界仅在周期调制方面取得了较多研究成果，在伪随机调制的波束调控应用方面还缺乏研究。

针对上述问题，本章将开展基于空时伪随机调制的阵列天线辐射调控技术研究。首先，建立空时伪随机调制模型，通过构造频域连续的边带功率分布，实现边带辐射的显著降低。其次，将伪随机幅度调制理论与"幅控扫描"思想结合，提出基于孔径插值的伪随机幅度调制技术，实现基于伪随机"0/1"幅度调制的波束扫描。在此基础上，针对伪随机"0/1"幅度调制的相位控制缺陷，提出伪随机相位-幅度联合调制技术。上述两种空时伪随机调制技术的时序设计过程不依赖优化算法。而且，相比传统周期调制，伪随机调制在实现同一边带抑制性能时，所要求的硬件复杂度更低。这些优势使得本章所提技术在实时、高精度、低边带的波束调控应用中极具应用价值。

4.2 基于空时伪随机调制的边带辐射抑制数学原理

假设伪随机调制时序 $U_n(t)$ 存在一个序列持续时间 T_d，且在持续时间 T_d 内，$U_n(t)$ 共有 M 个固定的序列切换周期 T_{sw}。这意味着位于第 n 个射频通道内的调制模块每间隔 T_{sw} 进行一次状态切换。因此，伪随机调制时序 $U_n(t)$ 可以表示为

$$U_n(t) = \sum_{m=1}^{M} S_{n,m} \cdot g[t-(m-1)T_{sw}], \quad 0 \leqslant t \leqslant T_d \tag{4-1}$$

式（4-1）中，$S_{n,m}$ 表示第 n 个调制模块在第 m 个切换周期内的瞬时工作状态。例如，对于伪随机"0/1"幅度调制来说，$S_{n,m}$ 为"0"和"1"中的任一值。$g(t)$ 为门函数：

$$g(t) = \begin{cases} 1, & 0 \leqslant t \leqslant T_{sw} \\ 0, & \text{others} \end{cases} \tag{4-2}$$

根据傅里叶变换理论，伪随机调制时序 $U_n(t)$ 及其频谱密度函数 $u_n(f)$ 之间的数学关系如下[155]：

$$U_n(t) = \int_{-\infty}^{\infty} u_n(f) e^{j2\pi ft} df \tag{4-3}$$

其中，频谱密度函数 $u_n(f)$ 可由式（4-4）解析计算：

$$u_n(f) = \int_0^{T_d} U_n(t) e^{-j2\pi ft} dt = \sum_{m=1}^{M} S_{n,m} T_{sw} \text{sin} c(\pi f T_{sw}) e^{-j(2m-1)\pi f T_{sw}} \tag{4-4}$$

在实际应用中，伪随机调制时序 $U_n(t)$ 会在 FPGA 数字逻辑信号的控制

下进行延拓，使得序列由有限长度变成无限长度。在此情况下，连续的频谱密度 $u_n(f)$ 将以 $1/T_d$ 的频率间隔进行采样，这导致阵列天线的边带辐射总在 f_c+h/T_d（$h \neq 0$，$h \in \mathbb{Z}$）处产生。因此，阵列天线中心频率 f_c 和边带 f_c+h/T_d 频率处的等效激励可由式（4-5）和式（4-6）计算：

$$I_n = \left.\frac{u_n(f-f_c)}{T_d}\right|_{f=f_c} = \frac{1}{M}\sum_{m=1}^{M}S_{n,m} \qquad (4\text{-}5)$$

$$I_n^h = \left.\frac{u_n(f-f_c)}{T_d}\right|_{f=f_c+h/T_d,\,h\neq 0,\,h\in\mathbb{Z}} = \sum_{m=1}^{M}\frac{S_{n,m}}{\pi h}\sin(\pi h/M)\mathrm{e}^{-j(2m-1)\pi h/M} \qquad (4\text{-}6)$$

在此基础上，中心频率的电场 $E_0(\theta)$ 和边带频率的电场 $E_h(\theta)$（$h \neq 0$）可以由式（4-7）和式（4-8）计算[1]：

$$E_0(\theta) = e_0(\theta)\sum_{n=1}^{N}I_n \mathrm{e}^{jk(n-1)d\sin\theta} \qquad (4\text{-}7)$$

$$E_h(\theta) = e_0(\theta)\sum_{n=1}^{N}I_n^h \mathrm{e}^{jk(n-1)d\sin\theta} \qquad (4\text{-}8)$$

式（4-7）和（4-8）中，$e_0(\theta)$ 表示天线单元的辐射电场。阵列天线的边带电平可基于 $E_0(\theta)$ 和 $E_h(\theta)$ 计算[51]：

$$SBL = \frac{\max\limits_{h\in\mathbb{Z}^+,h\neq 0}|E_h(\theta)|}{\max|E_0(\theta)|} \qquad (4\text{-}9)$$

由式（4-3）到式（4-9）可知，较低的边带电平总可以在较低的激励幅度 $|I_n^h|$（$h \neq 0$）的条件下实现。根据能量守恒定律，极小的 $|I_n^h|$ 可以在边带功率在频域连续分布时获得。实际上，调制时序 $U_n(t)$ 中 M 的选择会影响频率的边带功率分布。如果在 $U_n(t)$ 中选择适当的 M，边带功率就会在频域呈现出近乎连续的功率谱分布，使得伪随机调制的边带电平自然地降低。例如，图 4-1 展示了伪随机"0/1"幅度调制在不同 M 取值下的功率谱密度。具体地，设定 M 个切换周期 T_{sw} 内"1"状态和"0"状态的数目占比为 1:1，切换周期 $T_{sw}=2.0\,\mu s$。由图 4-1 可知，当"1"状态数目和"0"状态数目的占比固定，中心频率处的功率谱密度保持不变，而边带频率处的功

率谱密度随着 M 的增大而减小，这意味着阵列天线边带电平将随着 M 的增大而降低。不同于从空域抑制边带辐射的时序优化方法和从射频通道谐波反相抵消的角度抑制边带辐射的器件设计方法，伪随机调制构造了连续的边带功率谱，从边带功率分布的物理层面实现了边带辐射的高效抑制。

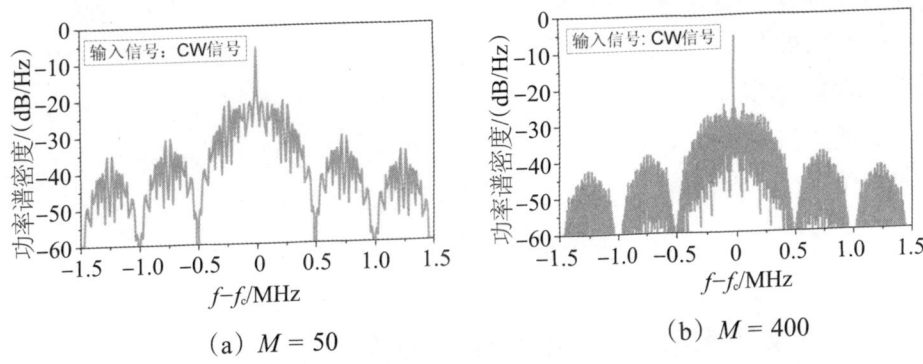

图 4-1 伪随机 "0/1" 幅度调制在不同 M 取值下的调制功率谱密度

4.3 基于孔径插值的空时幅度调制阵列及其波束形成方法

传统的周期 "0/1" 幅度调制仅能实现阵列天线中心频率的幅度控制，而不能实现相位控制。这种特性使得周期 "0/1" 幅度调制难以实现中心频率的波束扫描。由文献［81］的研究可知，周期 "0/1" 调制可以在正一边带频率实现波束扫描，但很难抑制中心频率和其他边带频率的非期望辐射。大量的非期望辐射造成正一边带极其低下的辐射效率。

进一步的研究表明，传统周期 "0/1" 调制遵循"相控扫描"思想，即在正一次谐波频率上产生用于波束扫描的相控复数激励。然而，根据傅里叶级数理论，周期 "0/1" 幅度调制通常在中心频率处产生最大的辐射功率。为了提高效率、降低高精度波束扫描的硬件要求，有必要在中心频率处实现基于简单 "0/1" 幅度调制的波束扫描。这就要求阵列天线设计师突破传统的"相控扫描"思维定式，积极探索与"0/1"幅度调制更为匹配的阵列天线波束扫描新体制、新理论。

在上述应用需求的牵引下，本节将伪随机"0/1"幅度调制理论与幅控波束扫描理论相结合，提出一种基于孔径插值的伪随机幅度调制技术。首先，提出基于孔径插值的伪随机幅度调制理论，通过阵列级孔径插值运算，从而实现基于伪随机"0/1"幅度调制的高精度、低边带、低副瓣波束扫描。在此基础上，提出基于三次样条孔径插值的调制状态正向设计方法，实现边带电平、副瓣电平、扫描角度约束下的调制时序实时设计。上述理论和方法的有效性通过X波段的仿真和实验得到验证。

4.3.1 幅控波束扫描理论及其激励设计方法

20世纪80年代初，美国学者J.P.Costas在文献[156]中提出了一种幅控波束扫描理论。该理论与相控波束扫描理论不同，主要是通过控制天线单元的幅度来控制阵列天线的波束指向和副瓣电平。然而，实现幅控波束扫描需要对天线单元进行高精度的幅度控制。由于数字衰减器的量化效应，高精度的幅度控制在工程上是很难实现的。因此，该理论被J.P.Costas提出之后并没有得到学术界的广泛关注。本书4.2节的研究表明，高精度的幅度控制可以由伪随机"0/1"幅度调制实现，且受到伪随机"0/1"幅度调制的阵列天线具有低边带的天然优势。在此情况下，如果将伪随机"0/1"幅度调制理论与幅控波束扫描理论相结合，则有望实现基于"0/1"幅度调制的高精度、低边带波束扫描。由于"0/1"幅度调制仅需SPST射频开关实现，这种波束扫描方案在阵列天线应用中是极具吸引力的。正是受到上述思路的启发，笔者在本节提出一种基于孔径插值的空时幅度调制阵列。在全面阐述提出的空时幅度调制阵列之前，本小节将对J.P.Costas的幅控波束扫描理论及幅控激励设计方法进行阐述。

4.3.1.1 幅控波束扫描理论

考虑如图4-2(a)所示的L单元均匀直线阵列天线,其远场阵因子可以表示为[1]

$$AF(\theta) = \sum_{l=1}^{L} \alpha_l e^{j\beta_l} e^{jkd(l-1)\sin\theta} \quad (4\text{-}10)$$

式(4-10)中,$\alpha_l e^{j\beta_l}$为均匀直线阵列中第l个天线单元的相控复激励;k为自由空间的波数;d为阵列天线的单元间距;θ表示观测角度。

由相控阵天线基本理论可知,辐射方向图的扫描角度控制可由各个天线单元的相位调控量β_l实现,辐射方向图的副瓣电平控制可由幅度调控量α_l实现。对于传统相控阵天线来说,高精度的幅相调控要求严格的激励误差容错,这对数字移相器和数字衰减器提出了很高的硬件性能要求。实际上,如果将激励$\alpha_l e^{j\beta_l}$通过欧拉公式分解为实部$\alpha_l\cos\beta_l$和虚部$\alpha_l\sin\beta_l$,那么,如图4-2(a)所示的阵列天线的阵因子可以进一步地写作[156]:

$$AF(\theta) = \sum_{l=1}^{L}\alpha_l\cos\beta_l e^{jkd(l-1)\sin\theta} + j\sum_{l=1}^{L}\alpha_l\sin\beta_l e^{jkd(l-1)\sin\theta} \quad (4\text{-}11)$$

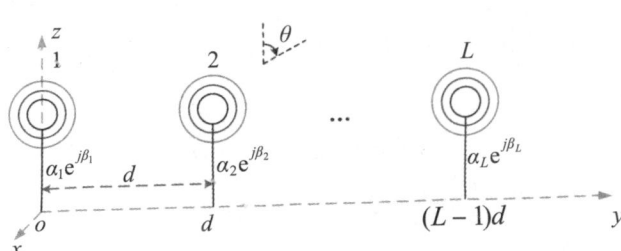

(a) 基于相控复激励的L单元线阵

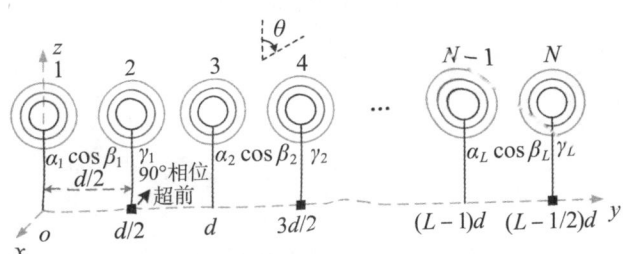

(b) 基于幅控实激励的N单元线阵

图4-2 不同类型激励的线阵模型

由式（4-11）可知，如果实部$\alpha_l\cos\beta_l$和虚部$\alpha_l\sin\beta_l$存在一个固定的$\pi/2$相位差，且将它们用来同时激励第l个天线单元，那么L单元均匀直线阵列天线的阵因子将与式（4-10）中的$\alpha_l e^{j\beta_l}$激励下的阵因子相同。由于$\alpha_l\cos\beta_l$和$\alpha_l\sin\beta_l$都为-1到$+1$之间的实数，在此情况下，波束扫描可以通过对天线单元同时施加高精度的幅度控制和$0/\pi$相位控制实现。基于式（4-11）的波束扫描相比传统相控波束扫描显著降低了硬件要求。

然而，式（4-11）的波束扫描方法需要将两个不同的激励$\alpha_l\cos\beta_l$和$\alpha_l\sin\beta_l$同时馈入到同一个天线单元，这在天线工程中是难以实现的。在实际应用中，天线设计师总是倾向于将实值激励$\alpha_l\cos\beta_l$和$\alpha_l\sin\beta_l$馈入不同的天线单元，以实现与式（4-11）等效的辐射方向图。由于一个L单元的均匀直线阵列会产生$2L$个实值激励，实值激励$\alpha_l\cos\beta_l$和$\alpha_l\sin\beta_l$至少需要馈入一个与图4-2（a）同孔径尺寸的N单元均匀直线阵列（$N=2L$），如图4-2（b）所示。而且，需要假设第$(2l-1)$个天线单元与第$2l$个天线单元之间存在$\pi/2$的初始相位差，且第$(2l-1)$个天线单元与第$(2l+1)$个天线单元不存在初始相位差。在此情况下，图4-2（b）中的N单元均匀直线阵列的阵因子$AF'(\theta)$可表示为

$$AF'(\theta) = AF_1(\theta) + jAF_2(\theta) \qquad (4\text{-}12)$$

式（4-12）中，$AF_1(\theta)$是由图4-2（b）中的所有奇数天线单元组成的阵列产生的阵因子，即第$(2l-1)$个天线单元（$l=1,2,\cdots,L$）；$AF_2(\theta)$是由图4-2（b）中的所有偶数天线单元组成的阵列产生的阵因子，即第$2l$个天线单元（$l=1,2,\cdots,L$）。第$(2l-1)$个天线单元由$\alpha_l\cos\beta_l$激励，其阵因子$AF_1(\theta)$由式（4-13）计算：

$$AF_1(\theta) = \sum_{l=2l-1,l\in\mathbb{Z}^+}^{N} \alpha_l\cos\beta_l e^{jkd(l-1)\sin\theta} \qquad (4\text{-}13)$$

在式（4-13）的前提下，第$2l$个天线单元的激励需要特别地设计，以保证式（4-12）中的阵因子$AF'(\theta)$与式（4-10）中的阵因子$AF(\theta)$等效。为了实现这一目标，假设第$2l$个天线单元的实值激励为γ_l，阵因子$AF_2(\theta)$可以

写作：

$$AF_2(\theta) = \sum_{n=2l, l\in \mathbb{Z}^+}^{N} \gamma_l e^{jkd\left(l-\frac{1}{2}\right)\sin\theta} \quad (4\text{-}14)$$

由图 4-2（b）可知，第 $2l$ 个天线单元的位置为 $y=(l-1/2)d$，其与第 $(2l-1)$ 个天线单元的距离为 $d/2$。这种阵列排布特征表明，第 $2l$ 个天线单元不能由 $\alpha_l \sin\beta_l$ 直接激励，因为 $\alpha_l \sin\beta_l$ 是位于 $y=(l-1)d$ 的天线单元的复激励 $\alpha_l e^{j\beta_l}$ 的虚部。实际上，J.P.Costas 在文献［156］中表明，一个均匀直线阵列的阵因子与其馈电激励之间在数学上存在离散傅里叶变换（discrete fourier transform）关系。基于这一观点，如果将 γ_l 和 $\alpha_l \sin\beta_l$ 都看作是同一连续孔径分布的采样值，那么阵因子 $AF_2(\theta)$ 将与由 $\alpha_l \sin\beta_l$（$l=1,2,\cdots,L$）激励位于 $y=(l-1)d$ 处天线单元产生的阵因子等效。数学上，上述连续的孔径分布可以基于已知的实值激励 $\alpha_l \sin\beta_l$ 在插值方法的辅助下构造。在此基础上，实值激励 γ_l 的具体数值可以通过在已构造的连续孔径分布上的期望位置 $y=(l-1/2)d$ 处采样得到。

与传统相控波束扫描方法相比，上述波束扫描方法最显著的特征是不同的扫描角度总是需要不同的幅度加权。正是基于这一特点，本书将图 4-2（b）中的阵列激励称为幅控激励，记作 I_n^A，由式（4-15）计算：

$$I_n^A = \begin{cases} \alpha_l \cos\beta_l, & n=2l-1,\ l\in\mathbb{Z}^+ \\ \gamma_l, & n=2l,\ l\in\mathbb{Z}^+ \end{cases} \quad (4\text{-}15)$$

4.3.1.2 基于三次样条孔径插值的幅控激励设计方法

尽管 J.P.Costas 提出了幅控波束扫描理论，但他在文献［156］中并没有阐述幅控激励的具体计算方法。为了确定式（4-15）中幅控激励 I_n^A 的具体数值，这里将提出一种基于三次样条孔径插值的幅控激励设计方法，按照以下步骤实现。

第一步：在图 4-2（a）中，在 $y=Ld$ 位置处假设一个虚拟天线单元，构建一个（$L+1$）单元阵列天线，如图 4-3 所示。该步骤保证了如图 4-2（b）所示的目标阵列中位于 $y=(L-1/2)d$ 位置处的最后一个天线单元的幅控激励

γ_L 可以通过内插法计算。

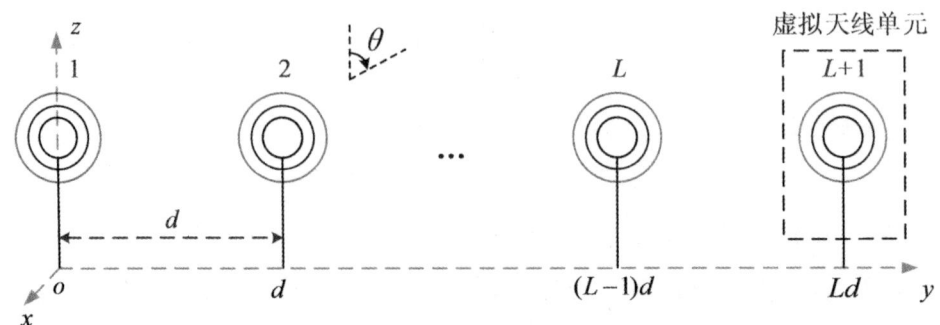

图 4-3　L 单元阵列天线的孔径拓展示意图

第二步：计算图 4-2（b）中的所有奇数天线单元的幅控激励。在第一步如图 4-3 所示的（$L+1$）单元阵列天线的基础上，根据目标扫描角度 θ_d 和目标副瓣电平 SLL_d 计算各个天线单元的复激励 $\alpha_l e^{j\beta_l}$。图 4-2（b）中的所有奇数天线单元的幅控激励可直接由复激励 $\alpha_l e^{j\beta_l}$ 取实部得到，即 $I_n^A = \alpha_l \cos \beta_l$，$n = 2l-1$，$l \in \mathbb{Z}^+$。其中，副瓣电平 SLL_d 与幅度调控量 α_l 可根据经典的阵列天线幅度分布求解，如切比雪夫分布、泰勒分布等。目标扫描角度 θ_d 与相位调控量 β_l 之间的数学映射关系如下[1]：

$$\beta_l = -kd(l-1)\sin\theta_d \tag{4-16}$$

第三步：基于复激励 $\alpha_l e^{j\beta_l}$ 的虚部 $\alpha_l \sin\beta_l$，构造一个连续的三次样条曲线 $S(y)$。根据三次样条插值理论[157]，$S(y)$ 的具体表示如下：

$$S(y) = \begin{cases} S_1(y), & 0 \leqslant y \leqslant d \\ S_2(y), & d \leqslant y \leqslant 2d \\ \vdots \\ S_L(y), & (L-1)d \leqslant y \leqslant Ld \end{cases} \tag{4-17}$$

$$S_l(y) = a_l + b_l(y-y_l) + c_l(y-y_l)^2 + d_l(y-y_l)^3, \quad (l-1)d \leqslant y \leqslant ld \tag{4-18}$$

式（4-18）中，$y_l = (l-1)d$ 为图 4-2（b）中第（$2l-1$）号天线单元的位置；a_l、b_l、c_l、d_l 为第 l 段插值曲线 $S_l(y)$ 的插值系数。为了确定插值系数 a_l、b_l、c_l、d_l 的具体数值，插值曲线 $S_l(y)$（$1 \leqslant l \leqslant L$）需要满足以下插值条件[157]：

$$S_l(y_l) = \alpha_l \sin\beta_l, \ 1 \leqslant l \leqslant L+1 \tag{4-19}$$

$$S_l(y_{l+1}) = S_{l+1}(y_{l+1}), \ 1 \leqslant l \leqslant L-1 \tag{4-20}$$

$$\frac{\mathrm{d}S_l(y_{l+1})}{\mathrm{d}y} = \frac{\mathrm{d}S_{l+1}(y_{l+1})}{\mathrm{d}y}, \ 1 \leqslant l \leqslant L-1 \tag{4-21}$$

$$\frac{\mathrm{d}^2 S_l(y_{l+1})}{\mathrm{d}y^2} = \frac{\mathrm{d}^2 S_{l+1}(y_{l+1})}{\mathrm{d}y^2}, \ 1 \leqslant l \leqslant L-1 \tag{4-22}$$

式（4-17）中，三次样条曲线 $S(y)$ 是由 L 段曲线 $S_l(y)$ 组成的，每条曲线 $S_l(y)$ 包含 4 个待定的插值系数，L 段曲线总共包含 $4L$ 个待定的插值系数。对于 L 段曲线，基于式（4-19）到式（4-22）的插值条件，总共可以生成 $(4L-2)$ 个方程。显然，$(4L-2)$ 个方程是难以确定 $4L$ 个插值系数的具体数值的。为了保证三次样条曲线 $S(y)$ 的唯一性，需要进一步地增加下列 Not-a-Knot 插值边界条件[157]：

$$\frac{\mathrm{d}^3 S_1(y_2)}{\mathrm{d}y^3} = \frac{\mathrm{d}^3 S_2(y_2)}{\mathrm{d}y^3} \tag{4-23}$$

$$\frac{\mathrm{d}^3 S_L(y_L)}{\mathrm{d}y^3} = \frac{\mathrm{d}^3 S_{L-1}(y_L)}{\mathrm{d}y^3} \tag{4-24}$$

在式（4-19）到式（4-24）的约束下，插值系数 a_l、b_l、c_l、d_l 的具体数值可以唯一地确定，从而得到一个满足要求的三次样条曲线 $S(y)$，即为基于 $\alpha_l \sin\beta_l$ 构造的一个虚拟的连续孔径分布。

第四步：基于第三步中的三次样条曲线 $S(y)$，在期望的位置 $y = (l-1/2)d$ 进行采样，得到所有偶数天线单元的幅控激励，即 $I_n^A = \gamma_l$，$n = 2l$，$l \in \mathbb{Z}^+$，其中，

$$\gamma_l = S(y)\Big|_{y=\left(l-\frac{1}{2}\right)d} \tag{4-25}$$

因此，对于如图 4-2（b）所示的 N 单元阵列天线，其奇数天线单元的激励和偶数天线单元的激励可由上述步骤依次得到，再结合式（4-15），即得到 N 个天线单元的所有幅控激励 I_n^A。

4.3.2 基于孔径插值的伪随机幅度调制理论

本小节将4.3.1节所述的幅控波束扫描理论与伪随机"0/1"幅度调制理论相结合，提出一个基于孔径插值的空时幅度调制阵列天线，如图4-4所示。

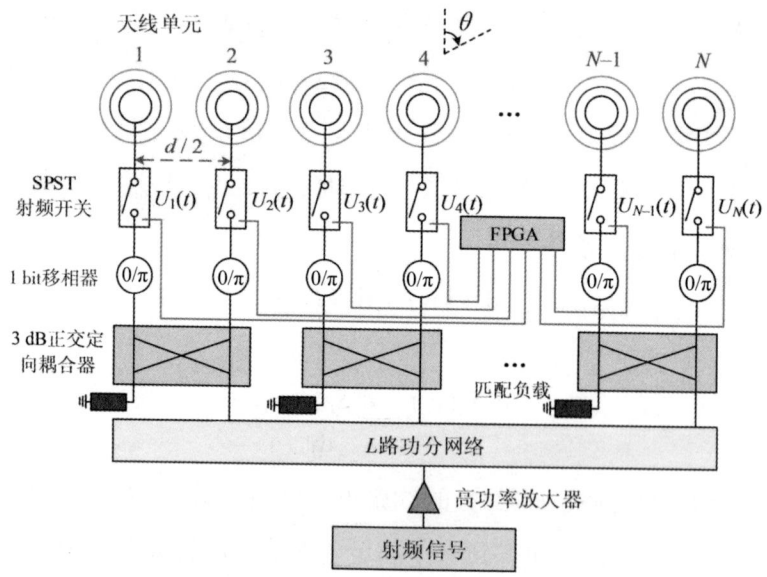

图4-4 基于孔径插值的空时幅度调制阵列的原理框架

由图4-4可知，阵列天线的馈电网络由一个FPGA、一个L路功分网络、L个3 dB正交定向耦合器、N个SPST射频开关和N个1 bit移相器组成，其中，$L = N/2$。每个天线单元连接一个SPST射频开关和一个1 bit移相器。对于如图4-4所示的阵列天线，其时域阵因子可以表示为

$$AF^{\text{TMA}}(\theta,t) = e^{j2\pi f_c t} \times \left[\sum_{\substack{n=2l-1 \\ l \in \mathbb{Z}^+}}^{N} e^{j\phi_n} U_n(t) e^{jkd(l-1)\sin\theta} + j \sum_{\substack{n=2l \\ l \in \mathbb{Z}^+}}^{N} e^{j\phi_n} U_n(t) e^{jkd\left(l-\frac{1}{2}\right)\sin\theta} \right] \quad (4\text{-}26)$$

式（4-26）中，f_c表示阵列天线的中心频率；$U_n(t)$表示第n个SPST开关的伪随机"0/1"幅度调制时序；ϕ_n为第n个天线单元中1 bit移相器的工作状态。

$$\phi_n = \begin{cases} 0, & I_n^A \geqslant 0 \\ \pi, & I_n^A < 0 \end{cases} \quad (4\text{-}27)$$

伪随机"0/1"幅度调制时序$U_n(t)$的数学表达式见式（4-1），且式（4-1）中的$S_{n,m}$的取值只能为"0"或"1"。为了方便读者理解伪随机"0/1"幅度调制时序，图4-5展示了$U_n(t)$在切换周期数$M = 5$和切换周期$T_{sw} = 100.0$ ns的参数设置下的波形示意图。

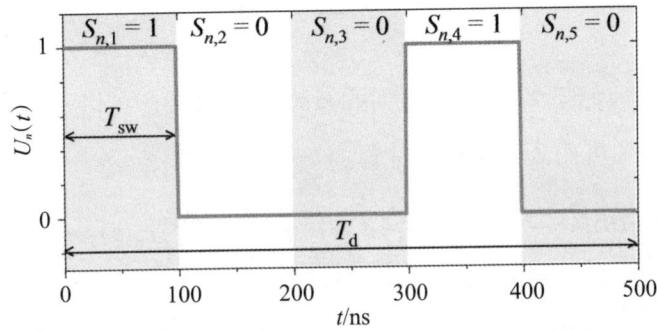

图4-5 伪随机"0/1"幅度调制时序$U_n(t)$在$M = 5$和$T_{sw} = 100.0$ ns条件下的波形演示

由式（4-5）可知，伪随机"0/1"幅度调制时序$U_n(t)$在中心频率f_c上的等效激励为

$$I_n = \left.\frac{u_n(f-f_c)}{T_d}\right|_{f=f_c} = \frac{1}{M}\sum_{m=1}^{M}S_{n,m} = \frac{Q_n}{M} \quad (4\text{-}28)$$

式（4-28）中，Q_n代表SPST开关处于导通状态的周期数目，且$Q_n \leqslant M$。为了实现波束扫描，Q_n需要根据式（4-15）的幅控激励确定。

$$Q_n = \lfloor |I_n^A| \times M \rfloor \quad (4\text{-}29)$$

式（4-29）中，$\lfloor \cdot \rfloor$表示向下取整运算符。在此情况下，$U_n(t)$在中心频率引入的最大幅度调控误差$\Delta\alpha_{\max}$为

$$\Delta\alpha_{\max} = \frac{1}{2M} \quad (4\text{-}30)$$

由式（4-30）可知，幅度调控误差随着 M 的增大而逐渐减小。典型地，当 M 分别取 20、50 和 100 时，最大幅度调控误差 $\Delta\alpha_{\max}$ 分别为 0.025、0.01 和 0.005。可见，在伪随机"0/1"幅度调制时序的控制下，阵列天线始终可以实现精确的幅度加权。

阵列天线在中心频率的频域阵因子可以表示为

$$AF^{\mathrm{TMA}}(\theta)\Big|_{f=f_c} = \sum_{\substack{n=2l-1, \\ l\in\mathbb{Z}^+}}^{N} e^{j\phi_n}\frac{Q_n}{M}e^{jkd(l-1)\sin\theta} + j\sum_{\substack{n=2l, \\ l\in\mathbb{Z}^+}}^{N} e^{j\phi_n}\frac{Q_n}{M}e^{jkd\left(l-\frac{1}{2}\right)\sin\theta} \tag{4-31}$$

进一步地，如果考虑实际阵列的互耦和边缘效应，阵列天线在中心频率的辐射方向图可由式（4-32）计算：

$$F(\theta)\Big|_{f=f_c} = \sum_{\substack{n=2l-1, \\ l\in\mathbb{Z}^+}}^{N} e^{j\phi_n}\frac{Q_n}{M}\boldsymbol{e}_n(\theta) + j\sum_{\substack{n=2l, \\ l\in\mathbb{Z}^+}}^{N} e^{j\phi_n}\frac{Q_n}{M}\boldsymbol{e}_n(\theta) \tag{4-32}$$

式（4-32）中，$\boldsymbol{e}_n(\theta)$ 表示阵列中第 n 个天线单元的有源单元方向图。边带频率 f_c+h/T_a（$h\neq 0$，$h\in\mathbb{Z}$）的等效激励 I_n^h 可由式（4-6）计算。因此，基于孔径插值的空时幅度调制阵列的边带电平由式（4-33）给出：

$$SBL = \frac{\max\limits_{h\in\mathbb{Z}, h\neq 0}\left|\sum\limits_{\substack{n=2l-1, \\ l\in\mathbb{Z}^+}}^{N} e^{j\phi_n}I_n^h\boldsymbol{e}_n(\theta) + j\sum\limits_{\substack{n=2l, \\ l\in\mathbb{Z}^+}}^{N} e^{j\phi_n}I_n^h\boldsymbol{e}_n(\theta)\right|}{\max\left|\sum\limits_{\substack{n=2l-1, \\ l\in\mathbb{Z}^+}}^{N} e^{j\phi_n}I_n\boldsymbol{e}_n(\theta) + j\sum\limits_{\substack{n=2l, \\ l\in\mathbb{Z}^+}}^{N} e^{j\phi_n}I_n\boldsymbol{e}_n(\theta)\right|} \tag{4-33}$$

根据 4.2 节的理论分析，伪随机调制将产生连续的调制功率谱，使得边带频率 f_c+h/T_a 对应的等效激励 $\left|I_n^h\right|$ 远小于中心频率 f_c 对应的等效激励 I_{n0}。因此，基于孔径插值的伪随机幅度调制理论具有实现阵列天线低边带电平的优势。

4.3.3 调制状态的正向设计方法

如图4-4所示的阵列天线包含两类调制状态：一类是各个天线单元1 bit移相器的静态工作状态ϕ_n；另一类是SPST射频开关的伪随机"0/1"幅度调制时序$U_n(t)$。为了得到任意期望副瓣电平SLL_d和期望扫描角度θ_d条件下的ϕ_n和$U_n(t)$，本小节将提出一种调制状态的设计方法。不同于依靠进化算法的传统周期"0/1"调制，这里提出的设计方法实现了调制状态的正向设计。具体地，ϕ_n和$U_n(t)$按照以下步骤获得。

（1）第一步：基于图4-4的N单元、间距为$d/2$阵列结构，设定期望副瓣电平SLL_d和期望扫描角度θ_d。

（2）第二步：计算如图4-3所示的$(L+1)$单元、间距为d的阵列天线实现SLL_d和θ_d所需要的复激励$\alpha_l e^{j\beta_l}$，即$\beta_l = -k(l-1)d\sin\theta_d$，$\alpha_l$根据泰勒分布或切比雪夫分布得到。

（3）第三步：基于复激励$\alpha_l e^{j\beta_l}$的虚部$\alpha_l \sin\beta_l$，构造一个连续的三次样条曲线$S(y)$。三次样条曲线$S(y)$的具体表达式见式（4-17）和式（4-18），其插值系数的具体值可根据式（4-19）至式（4-24）唯一地确定。

（4）第四步：根据式（4-25）计算幅控激励I_n^A。

（5）第五步：由式（4-27）确定天线单元中1 bit移相器的静态工作状态ϕ_n；由式（4-29）确定调制时序$U_n(t)$中处于导通状态的周期数Q_n。

（6）第六步：确定$U_n(t)$中的瞬时工作状态$S_{n,m}$：从M个切换周期中伪随机地选取Q_n个切换周期，将其瞬时工作状态设置为"1"，即SPST开关处于导通状态；剩下的$(M-Q_n)$个切换周期内的瞬时工作状态设置为"0"，即SPST开关处于截止状态。

（7）第七步：将$S_{n,m}$带入式（4-1）得到伪随机"0/1"幅度调制时序$U_n(t)$。

图4-6以8单元理想点源线阵为例,对上述设计流程进行详尽地描述。假设8单元理想点源线阵的单元间距为$0.3\lambda_c$,其中,λ_c为中心频率对应的自由空间波长。期望扫描角度θ_d和期望副瓣电平SLL_d分别设置为20°和-13.5 dB。调制时序的总切换周期数M设置为50,序列切换周期设置为100.0 ns。由上述设计流程的各步骤得到的数值结果都清晰地在图4-6中展示。因此,目标方向图总是可以通过精心设计合适的$U_n(t)$和ϕ_n实现。

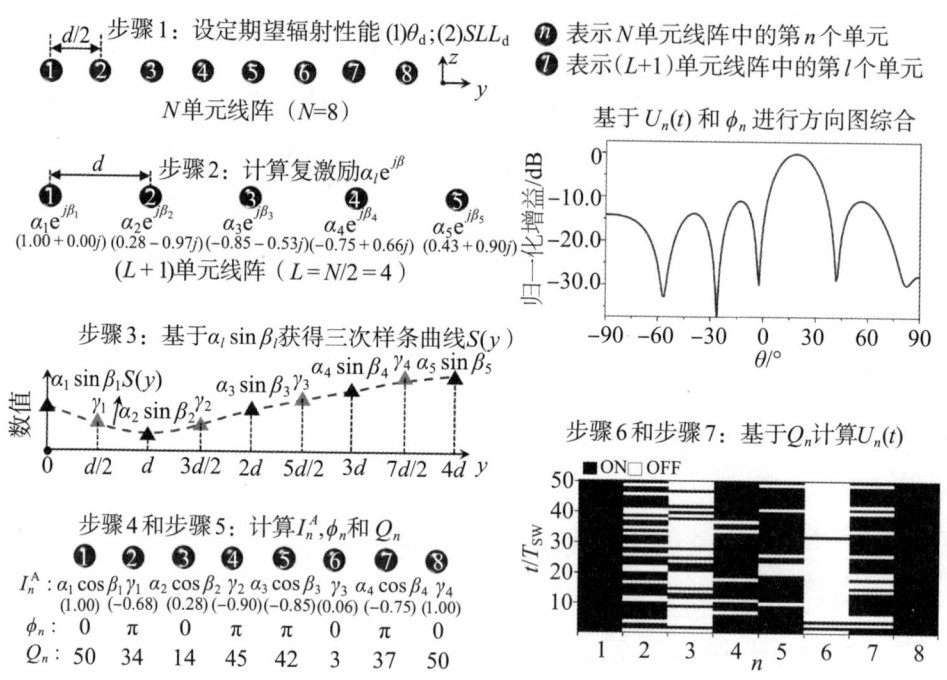

图4-6 基于8单元理想点源线阵的时序设计与方向图综合步骤

4.3.4 数值仿真

本小节考虑在实际阵列天线中,按照4.3.3节提出的设计步骤进行调制时序$U_n(t)$和1 bit静态相位状态ϕ_n的设计,以验证基于孔径插值的伪随机幅度调制技术的有效性。近年来，强耦合偶极子阵列由于其宽带、低剖面、馈电结构简单等优势，已经成为阵列天线辐射阵面设计中相当受欢迎的天线类型。考虑到强耦合阵列在现代雷达和通信系统中广阔的应用前景[143]，本小节将其作为空时幅度调制阵列的辐射部分。为此，本小节设计了一个工作在X波段（8.0～12.0 GHz）的强耦合偶极子线阵。天线单元的具体结构如图4-7（a）所示，由一个领结形印刷偶极子、四条寄生条带、两根短路柱和两根馈电探针组成。其中，领结形偶极子和寄生条带印刷在厚3.175 mm的Rogers RT5880介质基板的顶层，其底层作为天线单元的地板。天线单元中的一根馈电探针直接与射频连接器的内导体相连，另一根探针与地板相连，形成一个非平衡馈电结构。最终的设计尺寸如下（单位：mm）：$d = 20$，$w = 9.6$，$h_s = 3.175$，$p_{s1} = 1.1$，$p_{s2} = 0.6$，$q_1 = 3$，$q_2 = 1.7$，$c_1 = 1$，$c_2 = 0.3$，$p_1 = 3$，$p_2 = 1$，$l_s = 4.7$，$w_s = 0.8$，$d_s = 0.4$，$d_f = 0.8$，$l_f = 1.6$，$l_{sf} = 2.3$。将强耦合偶极子天线单元沿y轴进行如图4-7（b）所示的周期延拓，得到一个N单元线阵。

在ANSYS HFSS电磁仿真软件中对线阵环境中的天线单元进行性能评估。具体地，对天线单元进行如下边界设置：在平行于xoz平面的空气盒子的两个表面设置一对主（master）/从（slave）边界，模拟沿y轴的周期延拓；在其他方向上合理添加理想匹配层（perfectly matched layer，PML）模拟自由空间环境，如图4-8所示。此外，图4-8还展示了天线单元有源驻波比的仿真结果。天线单元在±30°的扫描范围内的有源驻波比始终小于2.5，这表明天线单元具有良好的阻抗匹配性能，适合用于进一步的波束形成性能分析。不失一般性地，接下来的数值仿真结果都是基于32单元的强耦合偶极子线阵得到的（$N = 32$），设定阵列天线的中心频率$f_c = 9.0$ GHz。

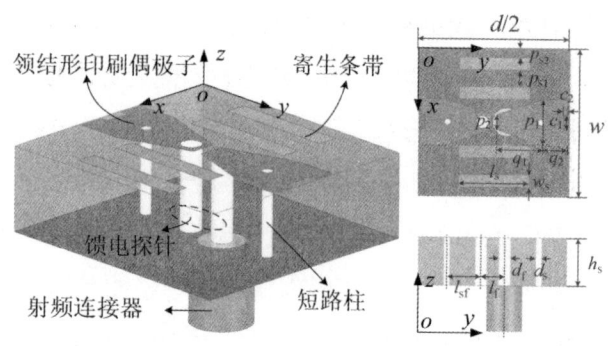

(a) 单元结构

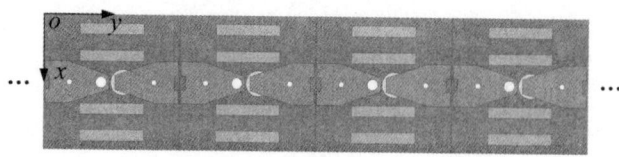

(b) 阵列排布

图 4-7 X 波段强耦合偶极子线阵的结构图

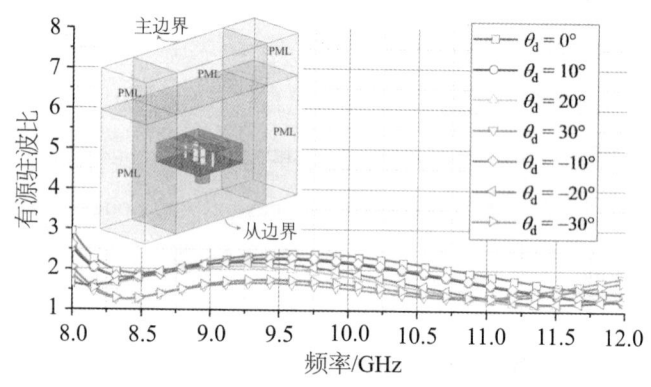

图 4-8 X 波段强耦合偶极子天线单元的有源驻波比

32 单元空时幅度调制阵列中 SPST 开关的调制时序 $U_n(t)$ 和 1 bit 移相器静态工作状态 ϕ_n 可根据 4.3.3 节提出的正向设计流程得到。一个 N 单元、间距为 $d/2$ 的线阵的幅控激励 I_n^A 是基于 $(L+1)$ 单元、间距为 d 的复激励得到的。因此,对于本小节的 X 波段 32 单元的强耦合线阵,应首先计算 17 单元阵列的复激励 $\alpha_l e^{j\beta_l}$。具体地,期望副瓣电平 $SLL_d = -13.5$ dB 和 -20.0 dB 对应的幅度调控量α_l分别由均匀幅度加权和泰勒幅度加权实现，如图4-9（a）所示；期望扫描角度$\theta_d = -30°$、$-20°$、$-10°$、$0°$、$10°$、$20°$和$30°$对应的相位调控量β_l由式（4-16）实现。考虑到θ_d和$-\theta_d$对应的相位调控量仅存在符号差别，为了简便起见，图4-9（b）仅给出了期望扫描角度$\theta_d = 0°$、$10°$、$20°$和$30°$条件下的相位调控量β_l。

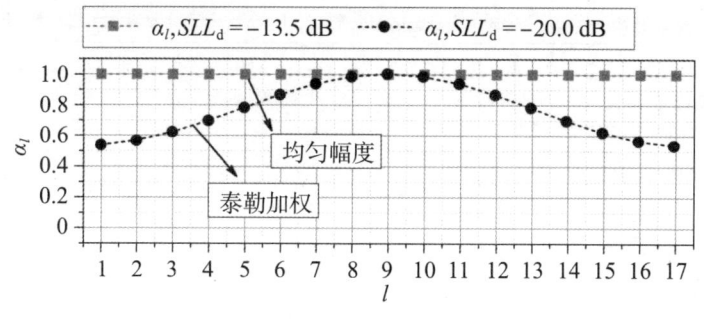

(a) 幅度α_l

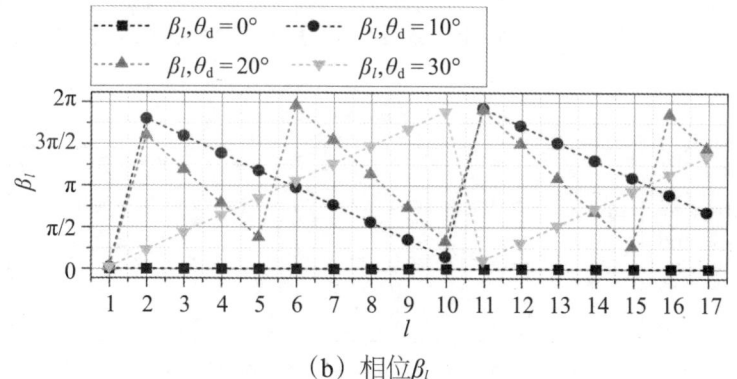

(b) 相位β_l

图4-9 （L+1）单元线阵的复激励 $\alpha_l \mathrm{e}^{j\beta_l}$（$L = N/2 = 16$）

32单元强耦合线阵的幅控激励I_n^A可以根据如图4-9所示的复激励得到。假设调制时序$U_n(t)$的总切换周期数M为200，时序切换周期T_{sw}为100.0 ns，1 bit移相器的静态工作状态ϕ_n和导通状态的周期数Q_n可分别根据式（4-27）和式（4-29）获得。图4-10分别给出了三种不同副瓣和扫描角度要求下的幅控激励I_n^A、静态工作状态ϕ_n以及导通状态的周期数Q_n。图4-11（a）为$\theta_d = 10°$和$SLL_d = -13.5$ dB；图4-11（b）的参数为$\theta_d = 20°$和$SLL_d = -13.5$ dB；图4-11（c）为$\theta_d = 10°$，$SLL_d = -20.0$ dB。图4-11给出了以上三种情况对应的调制时序$U_n(t)$。

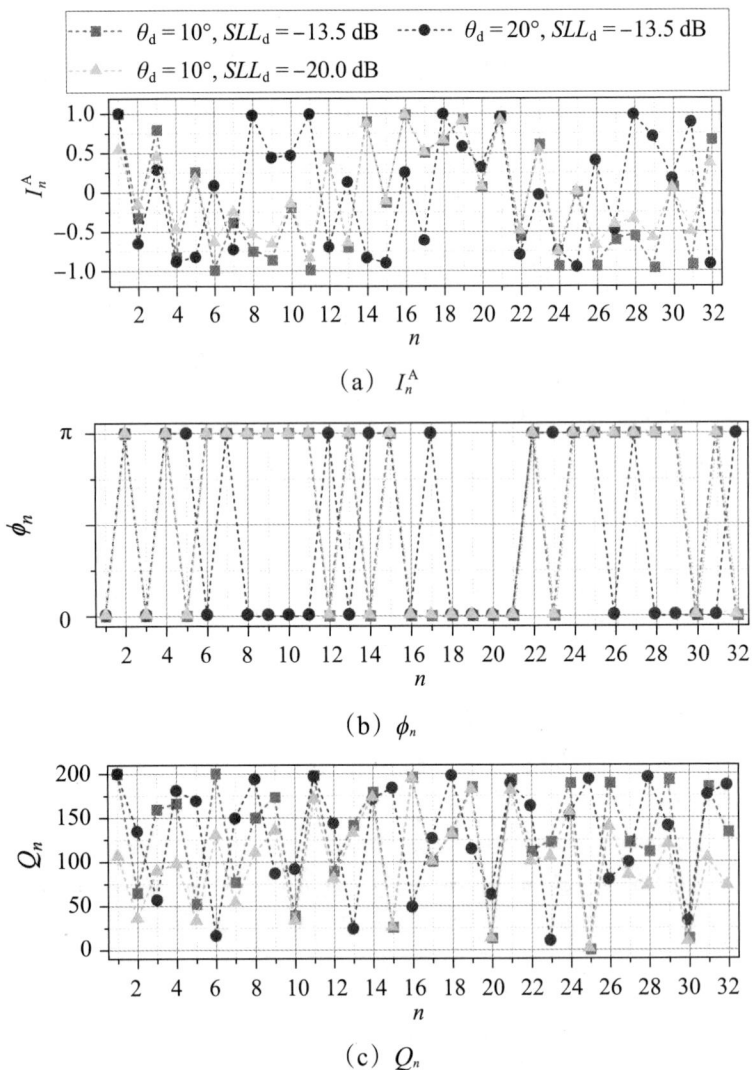

图4-10 X波段32单元线阵的幅控激励 I_n^A、静态1 bit相位 ϕ_n 以及时序 $U_n(t)$ 的导通周期数目 Q_n

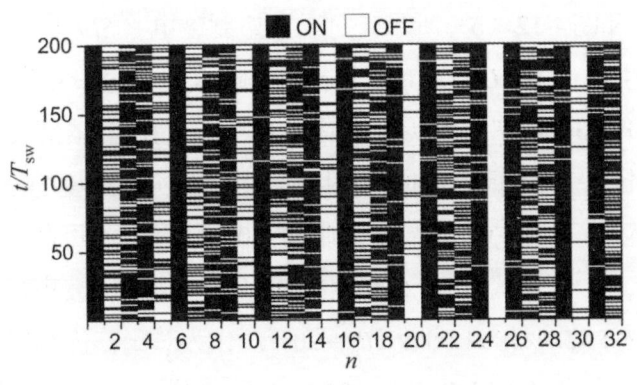

(a) $\theta_d = 10°$, $SLL_d = -13.5$ dB

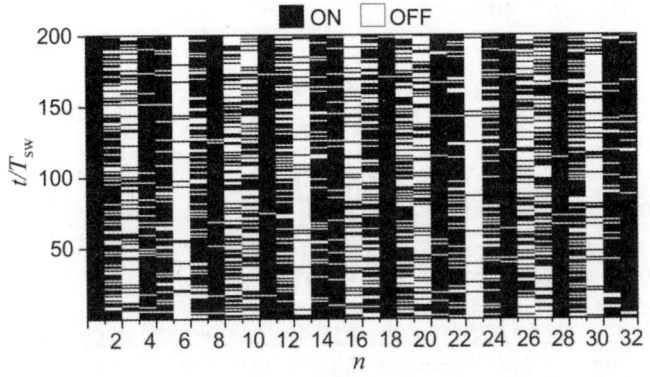

(b) $\theta_d = 20°$, $SLL_d = -13.5$ dB

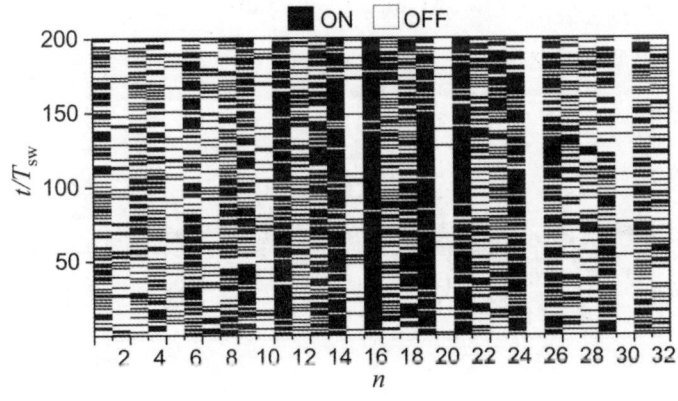

(c) $\theta_d = 10°$, $SLL_d = -20.0$ dB

图 4-11　X 波段 32 单元线阵的调制时序 $U_n(t)$

当 $SLL_d = -13.5$ dB 和 -20.0 dB 时，空时调制阵列的辐射方向图分别如

图4-12（a）和图4-12（b）所示。对于期望副瓣电平SLL_d，根据4.3.3节所示的流程图生成了7组$U_n(t)$和ϕ_n。阵列的扫描角度步进设置为10°，扫描角度范围为−30°～30°。图4-12（a）和图4-12（b）的数值结果表明，在$U_n(t)$和ϕ_n的控制下，空时调制阵列的辐射方向图总能实现期望的扫描角度和副瓣电平。尽管伪随机"0/1"幅度调制的"0"状态会不可避免地带来一部分功率损失，对于SLL_d = −13.5 dB和−20.0 dB的情形，波束形成网络的调制效率仍然为51.54%和31.50%（θ_d = 20°）。作为对比，传统周期"0/1"幅度调制在实现SLL_d = −13.5 dB和−20.0 dB的扫描波束时的调制效率仅为10.13%和6.15%（θ_d = 20°）。

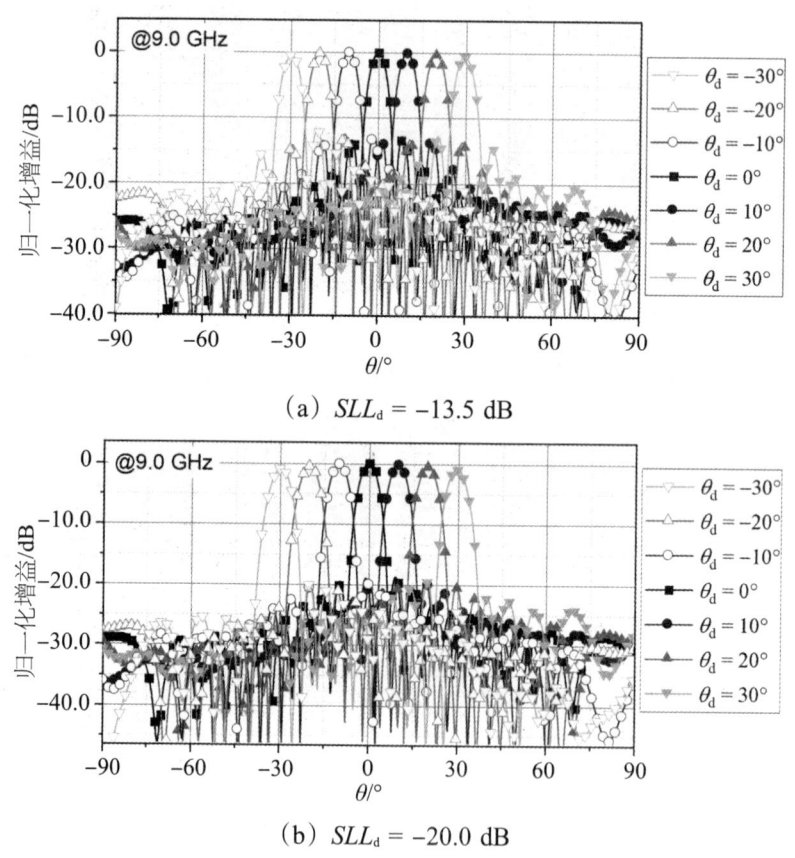

图4-12 X波段32单元线阵辐射方向图的仿真结果

值得注意的是，调制时序 $U_n(t)$ 是在导通周期数目 Q_n 的约束下伪随机地生成的。对于相同的期望扫描角度 θ_d 和期望副瓣电平 SLL_d，根据 4.3.3 节设计的多组 $U_n(t)$ 会略有差别，而这种时序设计过程的随机性会导致阵列天线边带电平 SBL 的微小波动。此外，根据式（4-33），伪随机调制的边带电平还受到总周期数 M 的影响。因此，有必要深入研究边带电平 SBL 随总周期数 M、期望扫描角度 θ_d 和期望副瓣电平 SLL_d 的变化规律，从而为不同边带电平要求下的调制时序 $U_n(t)$ 中 M 的取值提供理论依据。基于此目的，接下来开展了边带电平 SBL 的蒙特卡罗仿真，其结果如图 4-13 所示。对于每一组具体的期望扫描角度 θ_d、期望副瓣电平 SLL_d 和总周期数 M，作者按照 4.3.3 节的设计流程生成 100 组调制时序 $U_n(t)$。图 4-13 的边带电平仿真结果为 100 组调制时序所产生的边带电平的平均值。由图 4-13 可知，更低的边带电平在以下三种情况下获得：

（1）当 SLL_d 和 M 为固定值时，更小的扫描角度（$|\theta_d|$）意味着更低的边带电平；

（2）当 θ_d 和 M 为固定值时，更高的期望边带电平 SLL_d 意味着更低的边带电平；

（3）当 SLL_d 和 θ_d 固定时，更大的总周期数 M 意味着更低的边带电平。

图 4-12 的辐射方向图是在 $M = 200$ 的条件下实现的。当 $SLL_d = -13.5$ dB 时，边带电平 SBL 小于 -30.0 dB；当 $SLL_d = -20.0$ dB 时，边带电平 SBL 小于 -25.0 dB。在调制时序设计过程中，不同的边带电平要求总能通过适当地选择 M 实现。

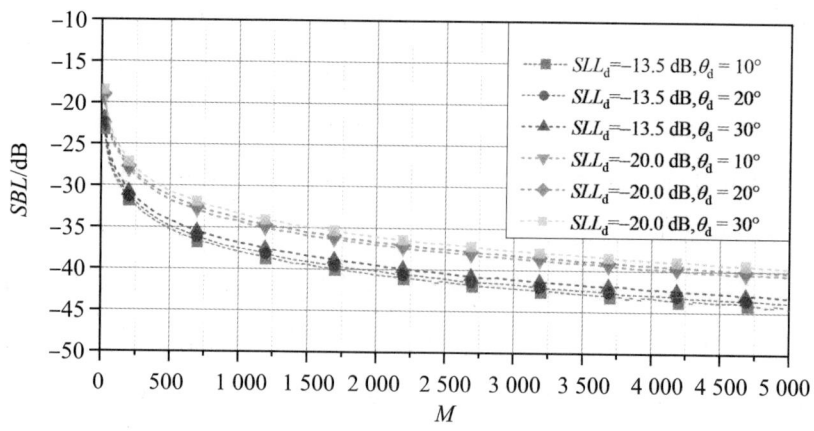

图 4-13　边带电平的蒙特卡罗仿真结果

4.3.5　X 波段 16 单元阵列样机研制及实验验证

本小节将通过实验手段对提出的空时幅度调制阵列进行验证。首先，研制了一款工作在 X 波段的伪随机幅度调制电路模块。该模块可以实现 1 bit 相位控制和通断控制。在此基础上，研制了一款 X 波段的 16 单元阵列样机。最后，对 X 波段阵列样机的辐射方向图进行了测量。不失一般性地，在接下来的实验验证中，空时调制阵列的中心频率 f_c 设置为 9.0 GHz。

4.3.5.1　X 波段伪随机幅度调制模块

X 波段伪随机幅度调制模块的射频电路结构和加工实物图如图 4-14 所示。该模块由一个微带开关线型 1 bit 移相器和一个微带吸收式 SPST 射频开关组成，采用印制电路板工艺印制在厚 0.508 mm 的 F4BM220 介质基板上。其中，开关线型 1 bit 移相器实现静态 1 bit 相位控制。吸收式 SPST 射频开关实现通断控制，并在断开状态下保持良好的阻抗匹配特性。1 bit 移相器和 SPST 射频开关的状态控制元件采用了 MACOM 公司的 PIN 二极管，其型号为 MADP-000907-14020[159]。具体来说，1 bit 移相器中的 PIN 二极管由图 4-14

(a) 中标注的电压 V_1 控制，而 SPST 射频开关的二极管由电压 V_2 控制。X 波段伪随机幅度调制模块的工作状态真值表见表 4-1 所列，表 4-1 中的第 3 列至第 6 列的 "1" 表示高电平，"0" 表示低电平。图 4-14（a）中的调制电路的最终设计尺寸为（单位：mm）：$l_{m1} = 4$, $l_{m2} = 9.66$, $l_{m3} = 0.8$, $l_{m4} = 2.8$, $l_{m5} = 2.8$, $l_{m6} = 3.4$, $l_{m7} = 3.6$, $l_{m8} = 4.9$, $l_{m9} = 2.56$, $l_{m10} = 4$, $l_{m11} = 1.8$, $l_{m12} = 9.8$, $l_{m13} = 14$, $l_{m14} = 1.8$, $l_{m15} = 5.2$, $l_{m16} = 5.8$, $l_{m17} = 4.2$, $w_{m1} = 1.56$, $w_{m2} = 1.4$, $w_{m3} = 0.2$。

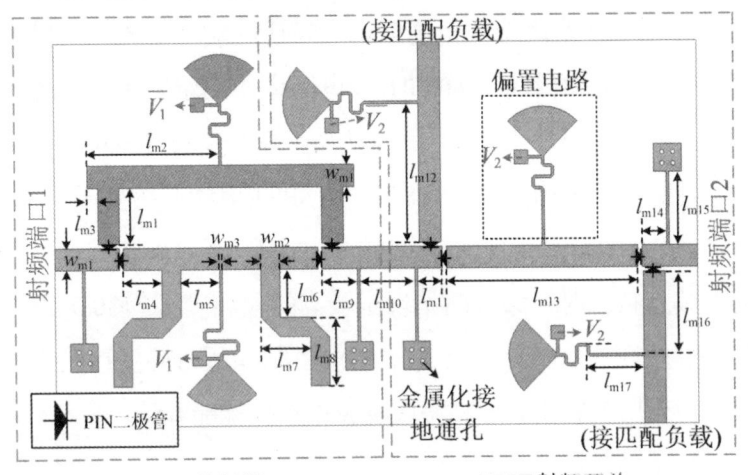

（a）射频电路结构

（b）加工实物图

图 4-14　X 波段伪随机幅度调制模块

表4-1　X波段伪随机幅度调制模块的工作状态真值表

工作状态		逻辑电平			
$U_n(t)$	ϕ_n/rad	V_1	$\overline{V_1}$	V_2	$\overline{V_2}$
1	π	0	1	1	0
1	0	1	0	1	0
0	π	0	1	0	1
0	0	1	0	0	0

图4-15展示了X波段伪随机幅度调制模块的实测结果。可以看出，在空时调制阵列的中心频率f_c = 9.0 GHz，电路模块的所有工作状态都能实现良好的阻抗匹配，即$|S_{11}|$ < –10.0 dB。且当工作频率处于9.0 GHz时，模块内部1 bit移相器的实测相位差为185°。当SPST射频开关处于导通状态时，该电路模块在9.0 GHz时呈现出较低的插入损耗（约3.4 dB），而当SPST射频开关处于截止状态时，该电路呈现出较高的隔离度（约30.0 dB）。因此，研制的电路模块在实现天线单元1 bit相位控制和通断幅度控制方面都具有良好的性能，适用于后续的阵列集成及波束扫描性能验证。

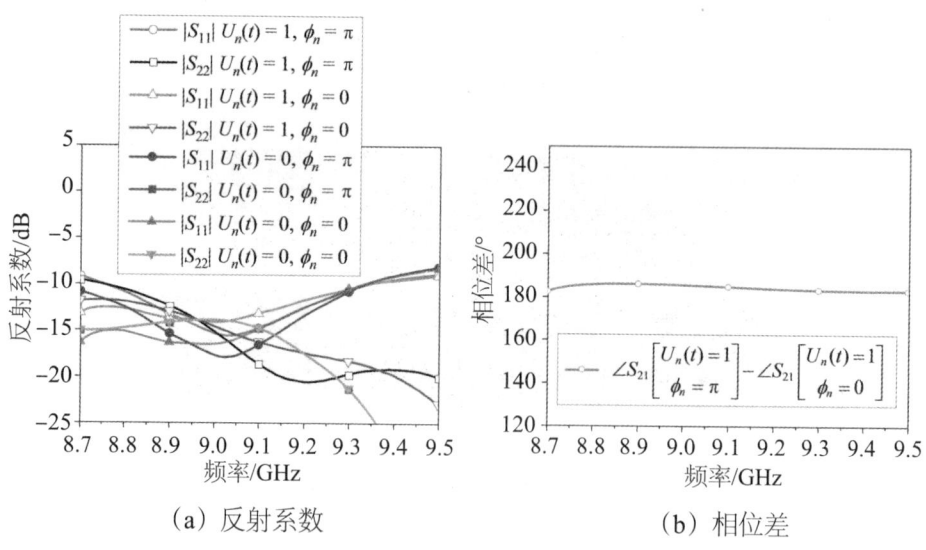

(a) 反射系数　　(b) 相位差

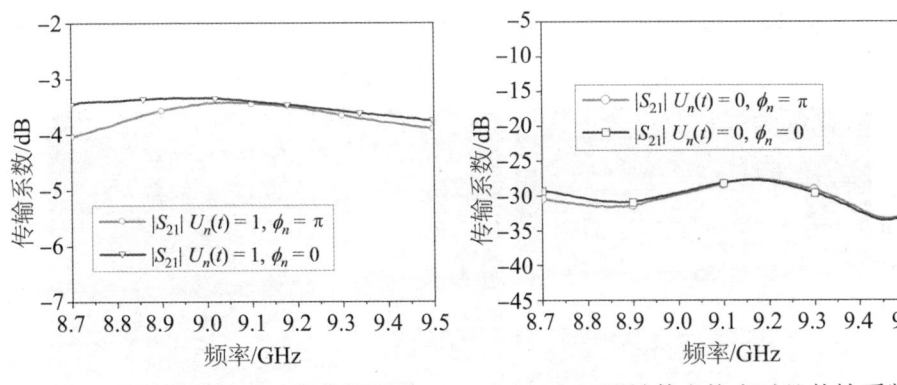

(c) SPST开关导通状态时的传输系数　　(d) SPST开关截止状态时的传输系数

图4-15　X波段伪随机幅度调制模块的实测结果

4.3.5.2　阵列研制及辐射方向图测量

基于前面研制的X波段伪随机幅度调制模块，作者进一步地研制了一套X波段16单元空时幅度调制阵列样机，如图4-16（a）所示。该阵列由1个16单元均匀直线阵列天线、16个1 bit移相器、16个SPST射频开关、8个3 dB正交定向耦合器、1个8路功分器和1个FPGA组成。其中，16单元均匀直线阵列天线由如图4-7所示的强耦合偶极子天线单元加工而成。8路功分器由7个两路微带Wilkinson功分器组成。FPGA的型号为Xilinx Artix-7。

接下来基于研制的阵列样机开展辐射方向图测量工作。辐射方向图是在微波暗室测量的，测量场景如图4-16（b）所示。空时调制阵列作为发射阵列天线放置于天线转台上，接收端采用一个喇叭天线接收阵列的辐射功率。在方向图测量中，将调制时序在持续时间T_d内的切换总周期数M设置为200，序列切换周期T_{sw}设置为2.0 μs，期望副瓣电平SLL_d设置为–13.5 dB，期望扫描角度θ_d依次设置为–30°、–10°、20°、30°。此外，根据4.2节的理论分析，空时伪随机调制会导致中心频率附近近乎连续的边带功率分布。因此，为了方便观测边带电平，实验中以5.0 kHz的频率间隔测量了中心频率9.0 GHz附近的边带辐射方向图。

Ⓐ 16单元强耦合线阵　　Ⓑ SPST射频开关　　Ⓒ 1 bit移相器
Ⓓ 3 dB正交定向耦合器　Ⓔ 威尔金森功分器　　Ⓕ FPGA

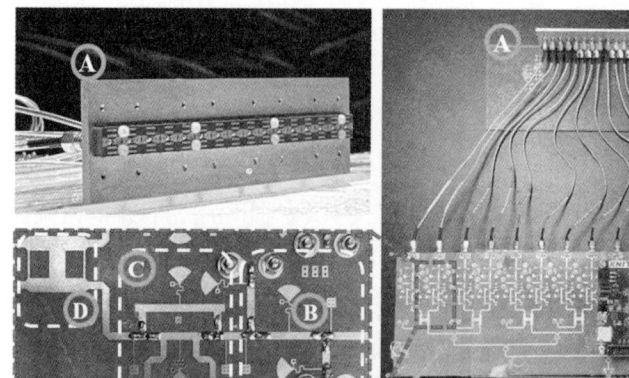

(a) 原理样机

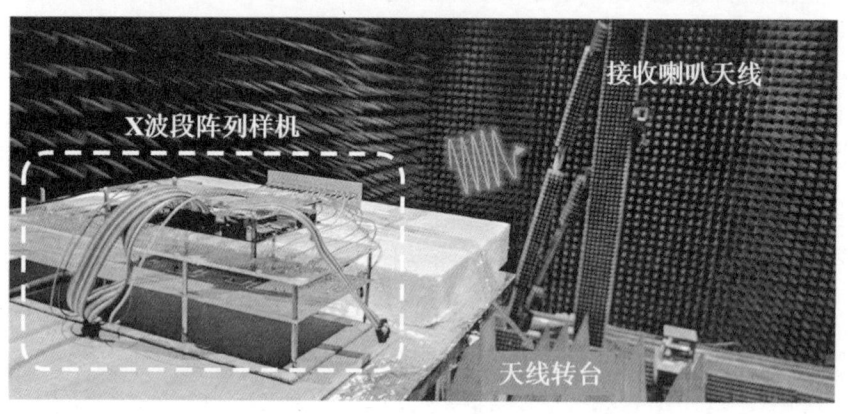

(b) 测试场景

图4-16　X波段16单元阵列样机及其测试场景

X波段16单元阵列样机在中心频率的实测辐射方向图如图4-17所示。显然，通过对每个天线单元进行伪随机"0/1"幅度调制和静态1 bit相位控制，可以产生具有期望副瓣电平的扫描波束。图4-18展示了X波段16单元阵列样机在边带频率的实测辐射方向图。不失一般性地，边带辐射方向图是在期望扫描角度$\theta_d = -30°$和期望副瓣电平$SLL_d = -13.5$ dB的时序控制下测得的。测量的频率为8.999 98～9.000 02 GHz。所有测量的功率都归一化到中心频率9.0 GHz的最大测量功率。从图4-18可知，阵列天线的实测边带电平小于−30.0 dB。因此，图4-17和图4-18中的测量结果再一次证明了所提出的空时幅度调制阵列理论的有效性。

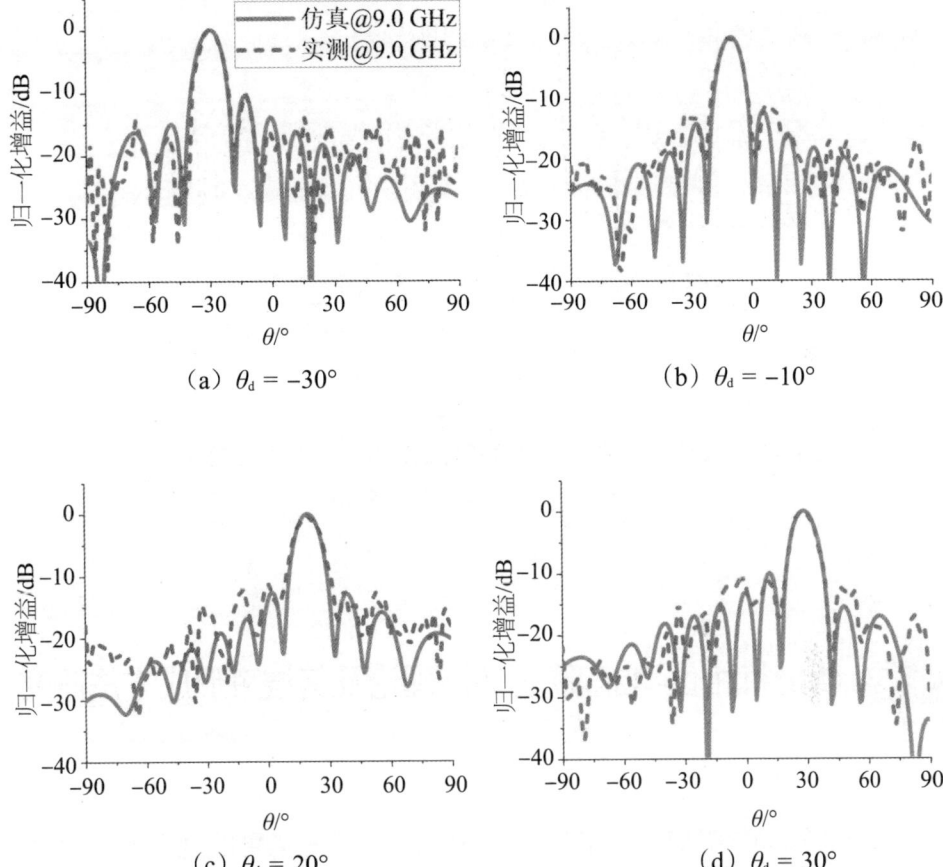

图4-17　X波段16单元阵列样机在中心频率的实测辐射方向图

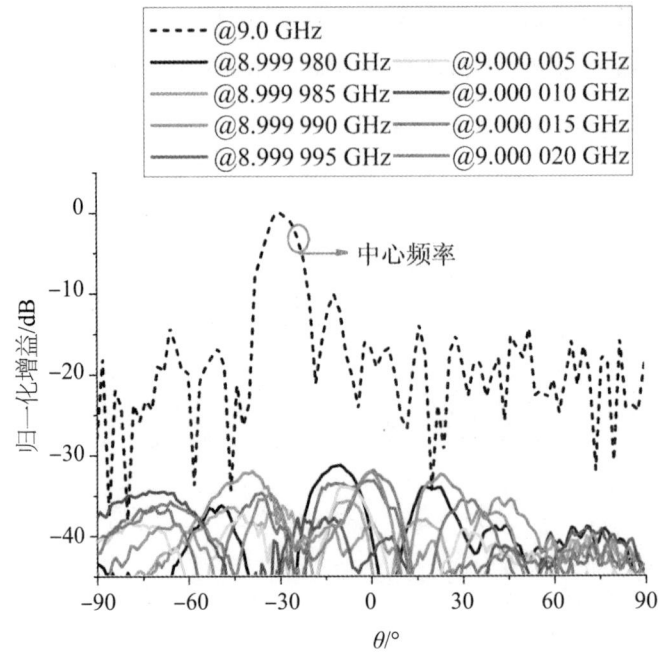

图 4-18　X 波段 16 单元阵列样机在边带频率的实测辐射方向图

($\theta_d = -30°$，$SLL_d = -13.5$ dB)

4.4　伪随机相位-幅度联合调制理论及其波束形成方法研究

第 4.3 节的研究表明，高精度、低边带的波束扫描可以由伪随机 "0/1" 时间调制实现。相比传统周期 "0/1" 调制技术的时序设计方法，4.3 节提出的时序设计方法无须优化算法，避免了"尝试和错误"过程，在低边带调制时序的实时、高效设计方面具有积极意义。然而，4.3 节的时序设计方法额外地引入了三次样条孔径插值操作。尽管插值操作的计算量相比优化算法已显著降低，但插值系数的求解难度也会随着阵列规模的增大而增大。对于计算资源有限的实际无线电子系统，孔径插值操作也会在一定程度上

第四章
基于空时伪随机调制的阵列天线辐射调控技术

限制平台允许装配的阵列天线规模，从而限制系统的性能。

针对上述问题，本节提出伪随机相位-幅度联合调制技术。首先，提出伪随机相位-幅度联合调制理论，通过联合"相位"和"幅度"两个伪随机调制对象，实现天线单元幅度和相位的低边带、高精度协同控制。在此基础上，提出了副瓣电平、波束指向、边带电平约束下的时序设计方法。上述理论和方法的有效性通过 Ku 波段的数值仿真和实验得到验证。与 4.3 节中的伪随机"0/1"幅度调制技术相比，本节提出的技术避免了孔径插值操作，简化了时序设计过程。

4.4.1 伪随机相位-幅度联合调制理论

本节提出的伪随机相位-幅度联合调制与 3.2 节递增相位调制所要求的阵列架构是一致的，如图 3-1 所示。但与 3.2 节不同的是，本节的调制时序 $U_n(t)$ 并不是周期时序，而是一个由式（4-1）产生的伪随机时序，且该伪随机时序与 4.3 节的伪随机"0/1"幅度调制时序在瞬时工作状态上有显著区别。数学上，伪随机相位-幅度联合调制时序 $U_n(t)$ 的瞬时工作状态 $S_{n,m}$ 有五种，即"1""$e^{j\pi/2}$""$e^{j\pi}$""$e^{j3\pi/2}$"和"0"。伪随机相位-幅度联合调制时序 $U_n(t)$ 可以进一步地分成伪随机相位调制时序和伪随机"0/1"幅度调制时序。伪随机相位调制时序由状态"1""$e^{j\pi/2}$""$e^{j\pi}$"和"$e^{j3\pi/2}$"组成，这些状态具有相同的幅度和不同的相位，可用于实现期望的相位调控量 β_n（$0 \leq \beta_n \leq 2\pi$）。伪随机"0/1"幅度调制时序由状态"1"和"0"组成，可用于实现期望的幅度调控量 α_n（$0 \leq \alpha_n \leq 1$）。下面将详细阐述调制时序 $U_n(t)$ 实现幅相协同控制的数学原理。

假设伪随机相位-幅度联合调制时序 $U_n(t)$ 在持续时间 T_d 内共有 M 个切换周期。对于第 n 个天线单元，为了实现期望的相位调控量 β_n，需要首先设计伪随机相位调制时序。具体地，从时序持续时间 T_d 内的 M 个切换周期中伪随机地选取 $Q_{n,1}^P$ 个周期，将其工作状态设置为"$e^{j\Phi_{n,1}}$"；对于未被选中的 $Q_{n,2}^P$ 个周期，将其工作状态设置为"$e^{j\Phi_{n,2}}$"，其中，$Q_{n,1}^P$ 和 $Q_{n,2}^P$ 之间满足以下关系：$0<Q_{n,1}^P\leqslant M$，$Q_{n,2}^P=M-Q_{n,1}^P$。此外，假设 $\Phi_{n,1}$ 和 $\Phi_{n,2}$ 之间存在 $\pi/2$ 的相位差，即 $\Phi_{n,2}=\Phi_{n,1}+\pi/2$。在此情况下，伪随机相位调制时序在阵列天线中心频率处的等效激励可记作 I_n^P，由式（4-5）计算：

$$I_n^P = \frac{Q_{n,1}^P}{M}e^{j\Phi_{n,1}} + \frac{Q_{n,2}^P}{M}e^{j\Phi_{n,2}} = \frac{Q_{n,1}^P}{M}e^{j\Phi_{n,1}} + j\frac{Q_{n,2}^P}{M}e^{j\Phi_{n,1}}$$
$$= \frac{\sqrt{\left(Q_{n,1}^P\right)^2 + \left(Q_{n,2}^P\right)^2}}{M}e^{j\left[\Phi_{n,1}+\arctan\left(Q_{n,2}^P/Q_{n,1}^P\right)\right]} = \alpha_n^P e^{j\beta_n^P} \qquad(4\text{-}34)$$

式（4-34）中，α_n^P 和 β_n^P 分别表示由伪随机相位调制时序实际产生的幅度调控量和相位调控量。其中，β_n^P 可以表示为

$$\beta_n^P = \Phi_{n,1} + \arctan\left(\frac{Q_{n,2}^P}{Q_{n,1}^P}\right) \qquad(4\text{-}35)$$

将 $Q_{n,2}^P = M - Q_{n,1}^P$ 带入式（4-35）可知，β_n^P 与 $Q_{n,1}^P$ 之间满足以下关系：

$$Q_{n,1}^P = \frac{M}{1+\tan(\beta_n^P - \Phi_{n,1})} \qquad(4\text{-}36)$$

由式（4-36）可知，对于 $0<Q_{n,1}^P\leqslant M$，伪随机相位调制时序可实现的相位调控量的范围为 $\Phi_{n,1}\leqslant\beta_n^P\leqslant\Phi_{n,2}$。也就是说，如果天线单元在工作状态"$e^{j\Phi_{n,1}}$"和"$e^{j\Phi_{n,2}}$"之间进行动态切换，最终实现的相位调控量 β_n^P 将在 $\Phi_{n,1}$ 到 $\Phi_{n,2}$ 之间变化，其具体数值由 $Q_{n,1}^P$ 决定。因此，为了实现期望的相位调控量 β_n，$Q_{n,1}^P$ 的具体取值应根据以下准则确定：

$$Q_{n,1}^P = \left\lfloor \frac{M}{1+\tan(\beta_n - \Phi_{n,1})} \right\rfloor \qquad(4\text{-}37)$$

式（4-37）中，$\lfloor\cdot\rfloor$ 表示向下取整运算符。

由于式（4-34）至式（4-37）中的 $Q_{n,1}^P$ 和 $Q_{n,2}^P$ 始终为整数，伪随机相

位调制时序引入的最大相位调控误差$\Delta\beta_{\max}$可由式（4-38）计算：

$$\Delta\beta_{\max} = \max_{i=1,\cdots,M-1}\left|\frac{\arctan\left(\dfrac{i}{M-i}\right)-\arctan\left(\dfrac{i-1}{M-i+1}\right)}{2}\right| \quad (4\text{-}38)$$

由式（4-38）可知，伪随机相位调制时序的相位调控误差随着M的增大而逐渐减小。典型地，当M分别取20、50和100时，最大相位调控误差分别为2.86°、1.15°和0.57°。因此，在伪随机相位调制时序的控制下，阵列天线始终可以实现精确的相位加权。

由式（4-34）可知，伪随机相位调制时序在实现期望的相位调控量β_n的同时，还会引入一个寄生的幅度调控量α_n^{P}：

$$\alpha_n^{\mathrm{P}} = \frac{\sqrt{\left(Q_{n,1}^{\mathrm{P}}\right)^2+\left(Q_{n,2}^{\mathrm{P}}\right)^2}}{M} \quad (4\text{-}39)$$

由伪随机相位调制时序产生的寄生幅度调控量α_n^{P}将通过伪随机"0/1"幅度调制时序消除。伪随机"0/1"幅度调制时序是在伪随机相位调制时序的基础上对阵列天线单元进行进一步的动态调制。引入一个N维向量$\boldsymbol{\alpha}^{\mathrm{c}}$，用来表示伪随机"0/1"幅度调制时序需要在$N$单元阵列天线的各个射频通道实现的幅度调控量。为了补偿寄生的幅度调控量α_n^{P}、实现期望幅度调控量α_n，N维向量$\boldsymbol{\alpha}^{\mathrm{c}}$的具体表达式如下：

$$\boldsymbol{\alpha}^{\mathrm{c}} = \left[\frac{\alpha_1}{\alpha_1^{\mathrm{P}}},\frac{\alpha_2}{\alpha_2^{\mathrm{P}}},\cdots,\frac{\alpha_N}{\alpha_N^{\mathrm{P}}}\right] \quad (4\text{-}40)$$

注意到幅度调控量的取值范围始终为[0, 1]，显然式（4-40）不能保证该取值范围，因此需要进一步地对式（4-40）进行如下归一化操作：

$$\alpha_n^{\mathrm{c}} = \frac{\boldsymbol{\alpha}^{\mathrm{c}}(n)}{\|\boldsymbol{\alpha}^{\mathrm{c}}\|_\infty} \quad (4\text{-}41)$$

式（4-41）中，$\|\cdot\|_\infty$表示向量的无穷范数运算符。其中，α_n^{c}为$\boldsymbol{\alpha}^{\mathrm{c}}$归一化之后的第$n$个元素，即伪随机"0/1"幅度调制时序在第$n$个天线单元需要实现的幅度调控量。在时序持续时间$T_\mathrm{d}$内的$M$个切换周期中，伪随机地选取

$Q_{n,1}^{\mathrm{A}}$ 个周期，将其工作状态设置为"1"；对于未被选中的 $Q_{n,2}^{\mathrm{A}}$（$Q_{n,2}^{\mathrm{A}} = M - Q_{n,1}^{\mathrm{A}}$）个周期，将其工作状态设置为"0"。由式（4-5）可知，$Q_{n,1}^{\mathrm{A}}$ 需要按照以下准则设计：

$$Q_{n,1}^{\mathrm{A}} = \left[\alpha_n^{\mathrm{c}} \cdot M\right] \tag{4-42}$$

由4.3节可知，在伪随机"0/1"幅度调制时序的控制下，阵列天线始终可以实现高精度的幅度加权。将伪随机相位调制时序与伪随机"0/1"幅度调制时序相乘，可得到伪随机相位–幅度联合调制时序，进而实现阵列天线高精度的幅相协同控制。

4.4.2 基于伪随机相位–幅度联合调制的波束形成方法

本小节针对任意期望的扫描角度 θ_{d} 和副瓣电平 SLL_{d}，提出了一种伪随机相位–幅度联合调制时序的设计方法。得益于伪随机调制趋近连续分布的边带功率谱，调制时序的设计不再依赖进化算法。该设计方法主要包含伪随机相位调制时序设计、伪随机"0/1"幅度调制时序设计以及相位–幅度联合调制时序设计。具体由以下步骤获得。

第一步：根据期望扫描角度 θ_{d} 和期望副瓣电平 SLL_{d} 计算各个射频通道的期望相位调控量 β_n 和期望幅度调控量 α_n。对于如图3-1所示的 N 单元线阵来说，β_n 可由式（3-7）获得，α_n 则根据经典的阵列幅度分布求解，如切比雪夫分布、泰勒分布等。

第二步：根据期望相位调控量 β_n，在"1" "$e^{j\pi/2}$" "$e^{j\pi}$" 和 "$e^{j3\pi/2}$" 四种状态中选择工作状态"$e^{j\Phi_{n,1}}$"和"$e^{j\Phi_{n,2}}$"进行时间调制。工作状态 "$e^{j\Phi_{n,1}}$" 和 "$e^{j\Phi_{n,2}}$" 根据如下准则确定：

$$\Phi_{n,1} \leq \beta_n < \Phi_{n,2} \tag{4-43}$$

$$\Phi_{n,2} = \Phi_{n,1} + \pi/2 \tag{4-44}$$

第三步：确定伪随机相位调制时序内的 M 个切换周期的瞬时工作状态。首先，从总数为 M 的切换周期中伪随机地选取 $Q_{n,1}^{\mathrm{P}}$ 个周期，将其工作状态设置为"$e^{j\Phi_{n,1}}$"。其中，$Q_{n,1}^{\mathrm{P}}$ 的具体取值由式（4-37）确定。其次，将剩余的 $Q_{n,2}^{\mathrm{P}}$（$Q_{n,2}^{\mathrm{P}}=M-Q_{n,1}^{\mathrm{P}}$）个切换周期的瞬时工作状态设置为"$e^{j\Phi_{n,2}}$"。

第四步：将第三步获得的瞬时工作状态带入式（4-1），获得伪随机相位调制时序。作为例子，图 4-19（a）给出了一个 8 单元阵列的伪随机相位调制时序。

第五步：根据式（4-40）和式（4-41），以及期望幅度调控量 α_n 计算伪随机"0/1"幅度调制时序需要产生的幅度调控量 α_n^{c}。

第六步：确定伪随机"0/1"幅度调制时序内 M 个切换周期的瞬时工作状态。首先，从总数为 M 的切换周期中伪随机地选取 $Q_{n,1}^{\mathrm{A}}$ 个切换周期，并将其瞬时工作状态设置为"1"。其中，$Q_{n,1}^{\mathrm{A}}$ 的具体取值由式（4-42）确定。其次，将剩余的 $Q_{n,2}^{\mathrm{A}}$（$Q_{n,2}^{\mathrm{A}}=M-Q_{n,1}^{\mathrm{A}}$）个切换周期的瞬时工作状态设置为"0"。

第七步：将第六步获得的瞬时工作状态带入式（4-1），获得伪随机"0/1"幅度调制时序。作为例子，图 4-19（b）给出了一个 8 单元阵列的伪随机"0/1"幅度调制时序。

第八步：将伪随机"0/1"幅度调制时序和伪随机相位调制时序相乘，得到伪随机相位-幅度联合调制时序。作为例子，图 4-19（c）给出了一个 8 单元阵列的伪随机相位-幅度联合调制时序。

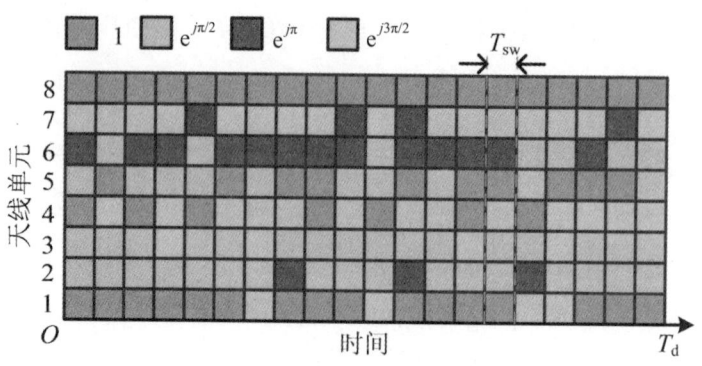

（a）伪随机相位调制时序

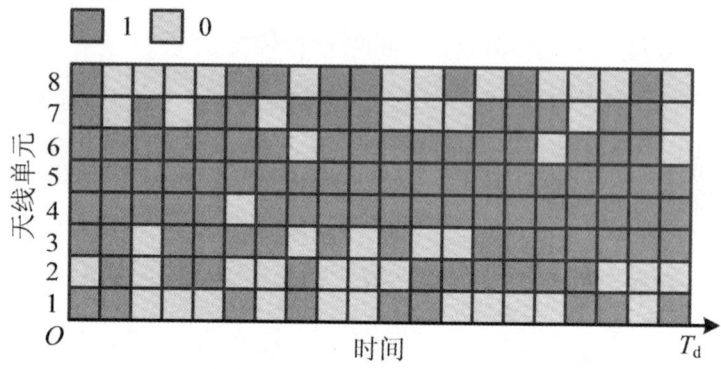

（b）伪随机"0/1"幅度调制时序

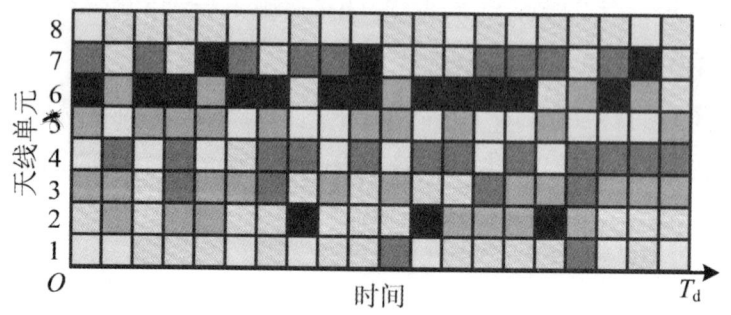

（c）相位-幅度联合调制时序

图4-19　8单元阵列天线的伪随机调制时序示例

4.4.3 Ku波段64单元阵列波束扫描数值仿真

本小节将开展数值仿真研究，以验证伪随机相位−幅度联合调制理论及其波束形成方法的有效性。不失一般性地，本小节的数值仿真都是基于3.2.3节所述的16子阵单元的阵列天线开展的（$N=16$）。具体地，将期望副瓣电平SLL_d分别设置为−13.5 dB、−20.0 dB和−30.0 dB，采用泰勒幅度加权实现。期望扫描角度θ_d分别设置为10°、20°、30°、40°和50°。

图4-20展示了实现期望副瓣电平SLL_d和期望扫描角度θ_d条件下的天线单元幅度调控量α_n和相位调控量β_n。伪随机相位−幅度联合调制时序由4.4.2节提出的时序设计方法得到。假设序列切换周期T_{sw}为2.0 μs，总切换周期数M为5 000。根据4.4.2节的时序设计方法，将获得80 000（$M \times N = 5\,000 \times 16 = 80\,000$）个瞬时工作状态。例如，图4-21（a）给出了$SLL_d = -13.5$ dB和$\theta_d = 20°$条件下前25个切换周期（$25T_{sw}$）内的调制时序。图4-21（b）给出了$SLL_d = -20.0$ dB和$\theta_d = 40°$条件下前25个切换周期（$25T_{sw}$）内的调制时序。

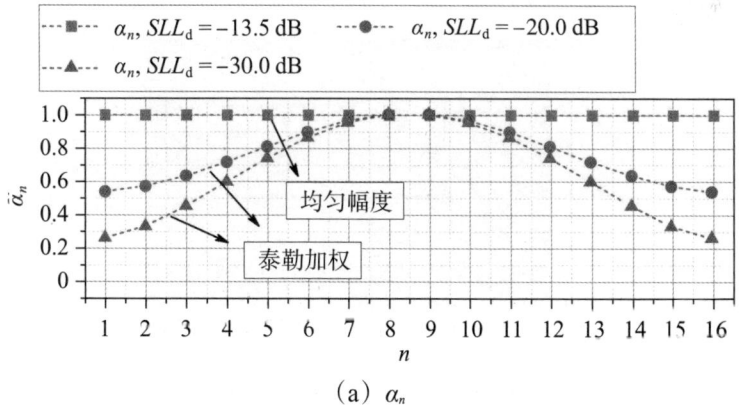

(a) α_n

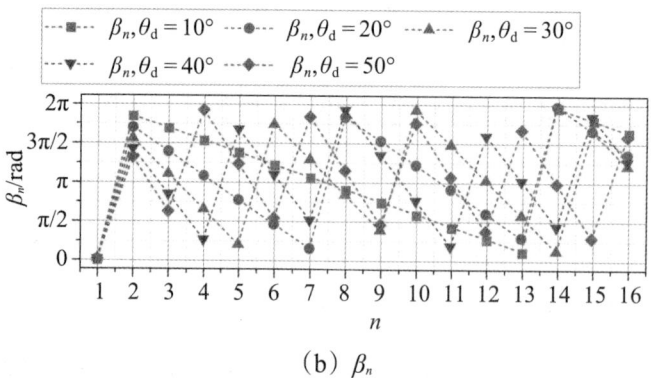

(b) β_n

图4-20 期望副瓣电平SLL_d和期望扫描角度θ_d条件下的幅度调控量α_n和相位调控量β_n

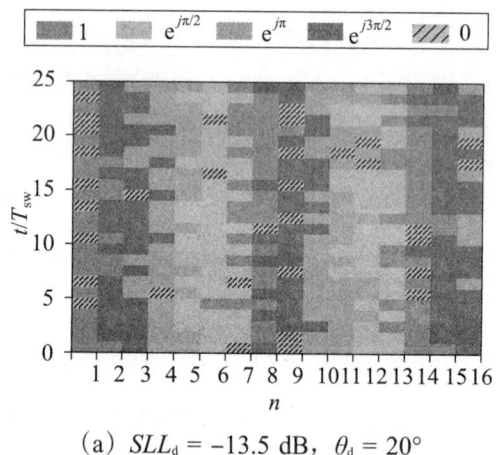

(a) $SLL_d = -13.5$ dB, $\theta_d = 20°$

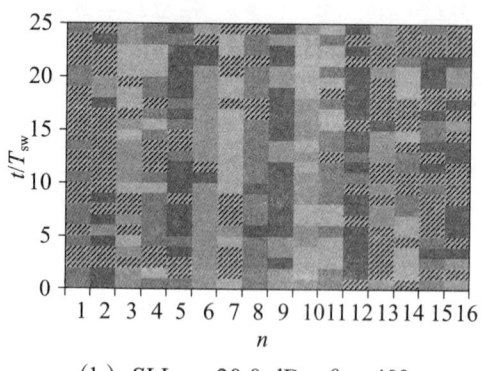

(b) $SLL_d = -20.0$ dB, $\theta_d = 40°$

图4-21 期望副瓣电平SLL_d和期望扫描角度θ_d条件下前25个切换周期内的
伪随机相位-幅度调制时序

图 4-22 展示了基于伪随机相位–幅度联合调制的中心频率辐射方向图的数值仿真结果。具体地，图 4-22（a）、图 4-22（b）和图 4-22（c）中的期望副瓣电平 SLL_d 分别为 –13.5 dB、–20.0 dB 和 –30.0 dB。对于每一个期望副瓣电平，生成五组伪随机相位–幅度联合调制序列，使得辐射方向图以 10° 为步进实现从 $\theta_d = 10°$ 到 $\theta_d = 50°$ 的波束扫描。显然，所有的仿真方向图都实现了期望的扫描角度和副瓣电平，这证明了伪随机相位–幅度联合调制在实现波束扫描和副瓣控制方面的有效性。

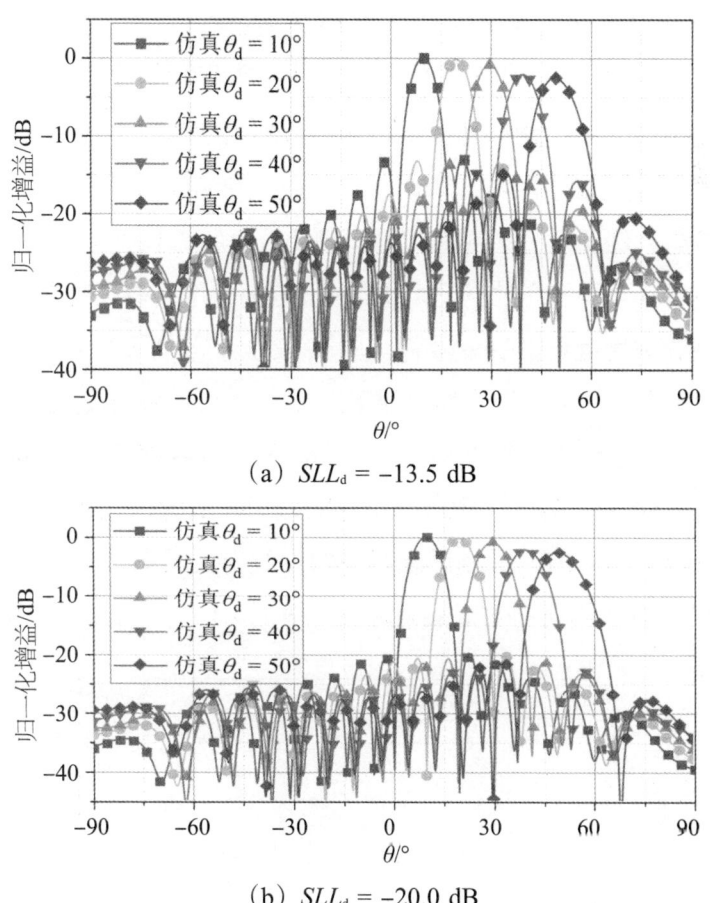

(a) SLL_d = –13.5 dB

(b) SLL_d = –20.0 dB

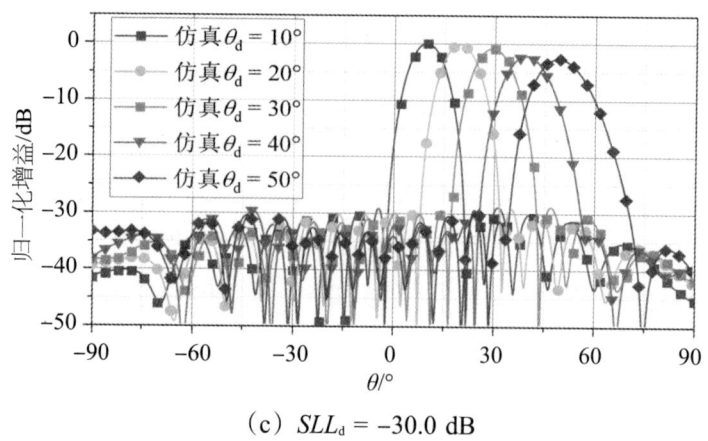

(c) $SLL_d = -30.0$ dB

图4-22 中心频率辐射方向图的数值仿真结果

图4-23展示了伪随机相位-幅度联合调制的功率谱密度。不失一般性地,功率谱密度是基于图4-21(a)中9号通道的调制时序得到的。正如4.2节的理论分析,伪随机相位-幅度联合调制使得边带功率在中心频率附近呈现近乎连续的分布。尽管在时序设计过程中没有刻意地去调控边带,但边带频率上的功率谱密度远低于中心频率,这将有效抑制阵列天线的边带电平。因此,图4-23的仿真结果证明了伪随机相位-幅度联合调制的低边带辐射特性。

本节提出的相位-幅度联合调制是在式(4-37)、式(4-42)、式(4-43)和式(4-44)等的约束条件下伪随机地生成的,这种时序生成方式与4.3节的伪随机"0/1"幅度调制时序的生成方式类似。由于时序设计过程的随机性,对于相同的期望幅相加权,根据4.4.2节设计的多组时序可能

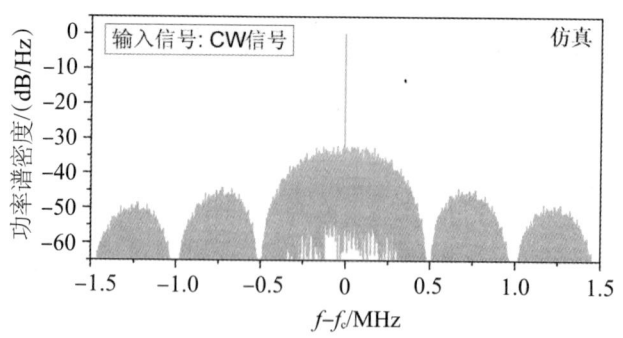

图4-23 伪随机相位-幅度联合调制的功率谱密度

具有差异性,而这种差异有可能导致边带电平的波动。为了证明所提理论在抑制边带电平方面的鲁棒性,接下来针对边带电平开展了蒙特卡罗仿真分析。

图4-24给出了边带电平随调制时序总切换周期数M和期望扫描角度θ_d的变化趋势。图4-25给出了边带电平随总切换周期数M和期望副瓣电平SLL_d的变化趋势。对于图4-24中每一组取值的M和θ_d,以及图4-25中每一组取值的M和SLL_d,根据4.4.2节的时序设计方法设计了100组相位-幅度联合调制时序。图4-24和图4-25的仿真结果是在100组相位-幅度联合调制时序控制下的边带电平的平均值。由图4-24和图4-25可知,边带电平对总切换周期数M的敏感性高于期望副瓣电平SLL_d和期望扫描角度θ_d,其变化规律与4.3.4节的仿真结果的变化规律类似,这里不再赘述,考虑到图4-22中的辐射方向图是在$M=5\ 000$的条件下实现的,此时对应的边带电平小于-35.0 dB。在实际应用中,图4-24和图4-25的蒙特卡罗仿真曲线可以为M的选择提供理论依据,进而在边带电平、副瓣电平、扫描角度等方面获得不同符合要求的伪随机相位-幅度联合调制时序设计。

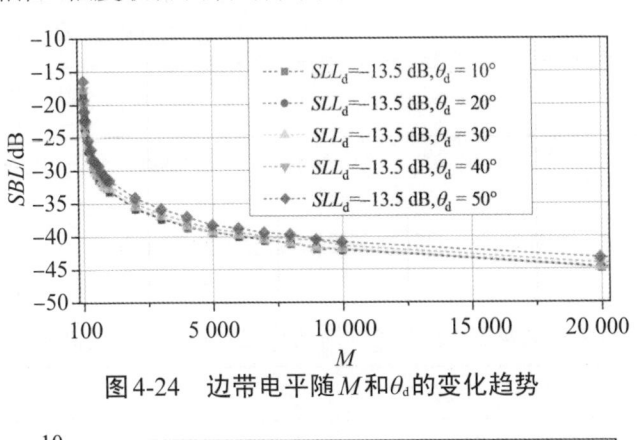

图4-24 边带电平随M和θ_d的变化趋势

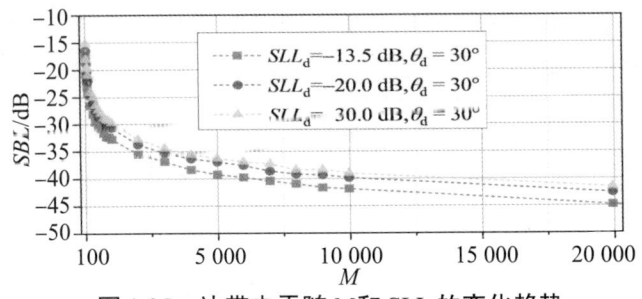

图4-25 边带电平随M和SLL_d的变化趋势

在伪随机相位和幅度的联合调制下，阵列天线的调制损耗 δ_T^{Array} 和调制效率 η_T^{Array} 见表4-2所列。可以看出，调制损耗对 SLL_d 的敏感程度要高于 θ_d。低副瓣会导致更高的调制损耗，这主要是因为更多的瞬时状态会被置"0"以实现期望的幅度加权，如图4-21所示。图4-26展示了调制损耗 δ_T^{Array} 随 M 和 SLL_d 的变化规律。根据表4-2，δ_T^{Array} 对扫描角度不敏感，因此图4-26仅展示了在 $\theta_d = 30°$ 条件下的仿真结果，且对于每一组取值的 M 和 SLL_d，根据4.4.2节生成了100组相位-幅度联合调制序列。图4-26是100组相位-幅度联合调制时序控制下的调制损耗平均值。由图4-26可知，对于固定的 SLL_d，不同取值的 M 不会导致调制损耗的明显变化。

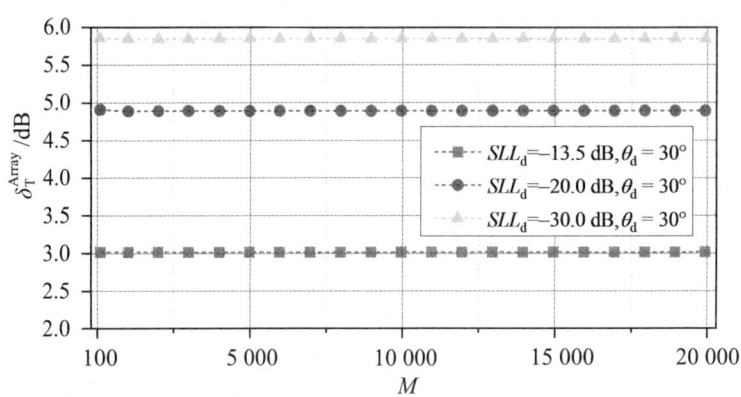

图4-26 调制损耗随 M 和 SLL_d 的变化趋势

表4-2 不同期望扫描角度 θ_d 和期望副瓣电平 SLL_d 条件下的调制损耗和调制效率

SLL_d/dB	$\theta_d = 10°$	$\theta_d = 20°$	$\theta_d = 30°$	$\theta_d = 40°$	$\theta_d = 50°$
-13.5	$\delta_T^{Array} = 3.00$ dB	$\delta_T^{Array} = 3.00$ dB	$\delta_T^{Array} = 3.00$ dB	$\delta_T^{Array} = 3.02$ dB	$\delta_T^{Array} = 3.04$ dB
	$\eta_T^{Array} = 50.0\%$	$\eta_T^{Array} = 50.0\%$	$\eta_T^{Array} = 50.0\%$	$\eta_T^{Array} = 49.9\%$	$\eta_T^{Array} = 49.7\%$
-20.0	$\delta_T^{Array} = 5.13$ dB	$\delta_T^{Array} = 4.86$ dB	$\delta_T^{Array} = 4.88$ dB	$\delta_T^{Array} = 4.81$ dB	$\delta_T^{Array} = 4.82$ dB
	$\eta_T^{Array} = 30.7\%$	$\eta_T^{Array} = 32.7\%$	$\eta_T^{Array} = 32.5\%$	$\eta_T^{Array} = 33.0\%$	$\eta_T^{Array} = 33.0\%$
-30.0	$\delta_T^{Array} = 6.10$ dB	$\delta_T^{Array} = 5.83$ dB	$\delta_T^{Array} = 5.85$ dB	$\delta_T^{Array} = 5.77$ dB	$\delta_T^{Array} = 5.67$ dB
	$\eta_T^{Array} = 24.6\%$	$\eta_T^{Array} = 26.1\%$	$\eta_T^{Array} = 26.0\%$	$\eta_T^{Array} = 26.5\%$	$\eta_T^{Array} = 27.1\%$

进一步地，将提出的空时调制阵列和国际上最先进的适用于波束扫描的空时调制阵列进行了性能对比，见表4-3所列。其中，N_{mod}表示调制器件瞬时工作状态的类型数，它决定了空时调制阵列的成本和硬件复杂度。δ_T^{Array}表示阵列天线的调制损耗，由式（2-15）计算。不失一般性地，表4-3中的本工作的调制损耗为$\theta_d = 30°$时对应的调制损耗。在以往的基于空时调制的波束扫描应用中，边带电平SBL与N_{mod}之间存在折衷关系。更低的边带电平总是要求调制器件具有更多的调制状态类型，而大量的调制状态类型数会增加整个系统的成本和功耗。本节提出的伪随机调制技术可以将边带电平抑制到一个极低的水平（$SBL < -35.0$ dB），而在调制模块中仅需要五种瞬时工作状态。此外，边带辐射的抑制并不依赖优化算法，这使得该技术在实时波束形成应用中更具吸引力。此外，对于相同的副瓣电平要求，本工作的调制损耗与已报道的文献［85］、［86］、［99］和［160］中的工作相当。尽管文献［154］相比本工作来说具有更低的调制损耗，但在同一边带电平要求下，其对调制状态类型的要求更加严苛，导致硬件实现困难。此外，文献［154］的技术方案无法对副瓣电平进行控制。综上所述，与目前国际上

表4-3　面向波束扫描应用的空时调制阵列性能对比

参考文献	SLL /dB	SBL /dB	N_{mod}	δ_T^{Array}	是否需要时序优化
[97]	-30.0	-20.0	5	未提及	是
[99]	-30.0	-21.2	5	6.02	否
[85]	-13.5	-13.97	5	5.17	否
[86]	-13.5	-16.9	8	3.23	否
[154]	-13.5	-13.97	6	0.40	否
	-13.5	-23.52	16	0.056	否
	-13.5	-29.83	32	0.014	否
[160]	-13.5	-16.9	8	2.55	否
	20.0	-20.0	8	4.45	是
2.3节工作	-20.0	-25.0	9	6.91	是
本节工作	-13.5	-39.4	5	3.00	否
	-20.0	-37.1	5	4.88	否
	-30.0	-36.5	5	5.85	否

最先进的空时调制阵列天线研究相比，本工作提出的空时调制阵列实现了极低边带、低损耗的波束扫描，所需调制状态种类更少且无须时序优化，这将有利于调制器件的硬件实现和调制时序的实时生成。

4.4.4 Ku波段64单元阵列波束扫描实验验证

本小节将通过实验手段验证伪随机相位–幅度联合调制的有效性。具体地，实验是基于3.2.3节研制的Ku波段空时相位调制阵列样机开展的。辐射方向图测试场景如图4-27所示，测试步骤如下：首先，将Ku波段阵列放置

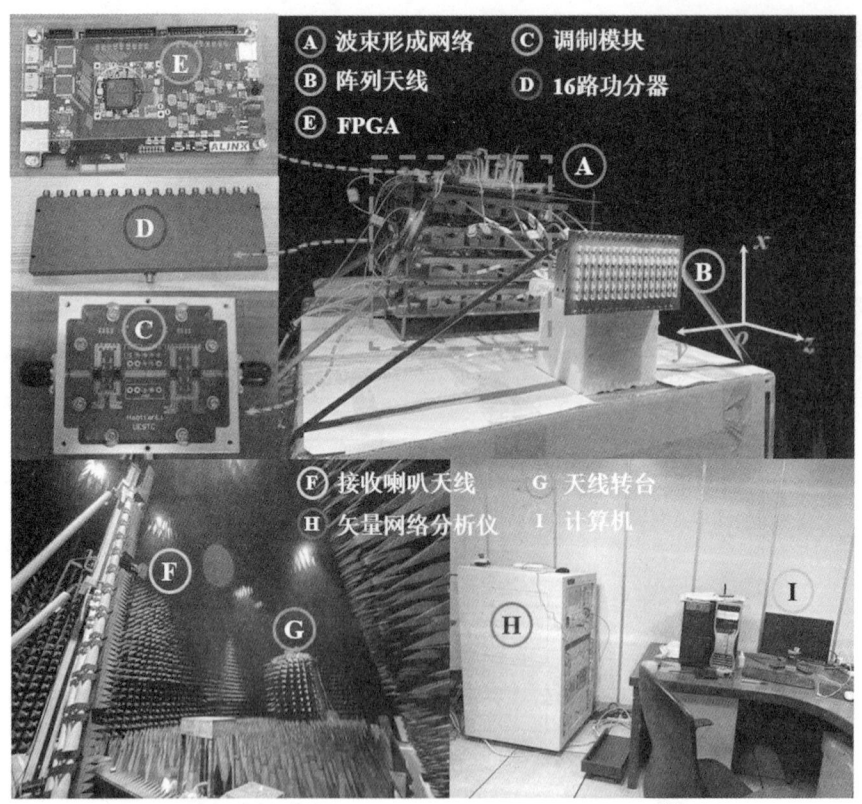

图4-27　伪随机相位–幅度联合调制的实验场景图

在微波暗室的转台上，FPGA根据相位-幅度联合调制时序$U_n(t)$生成相应的数字逻辑信号控制调制模块的工作状态；其次，计算机向矢量网络分析仪发送指令，使其产生载频为f_c的CW信号；最后，旋转平台使用接收喇叭天线测量中心频率和边带频率在不同角度的辐射强度。在本次测量中，阵列天线的中心频率f_c设置为17.0 GHz。伪随机相位-幅度联合调制时序的参数设置与4.4.3节的数值仿真相同，即序列切换周期T_{sw}为2.0 μs，总周期数M为5 000。期望副瓣电平SLL_d设置为−13.5 dB，期望扫描角度θ_d分别为10°、20°、30°、40°和50°。根据4.2节的理论分析，伪随机调制会导致边带功率在中心频率周围呈现近乎连续的分布。为了观测阵列的边带电平，实验中在中心频率17.0 GHz附近以20.0 kHz的频率间隔测量了边带辐射方向图。

图4-28展示了阵列天线中心频率辐射方向图的实测和仿真结果。其中，辐射强度归一化到θ_d=10°时的最大辐射强度。伪随机相位-幅度联合调制使得辐射方向图的主瓣总能指向期望的扫描角度。由于实际波束形成网络不可避免地存在非理想特性，仿真与测试辐射方向图在θ_d = 40°和50°处存在微小的增益偏差。尽管如此，图4-28中的仿真和测试辐射方向图证明了伪随机相位-幅度联合调制技术在波束扫描综合方面的有效性。

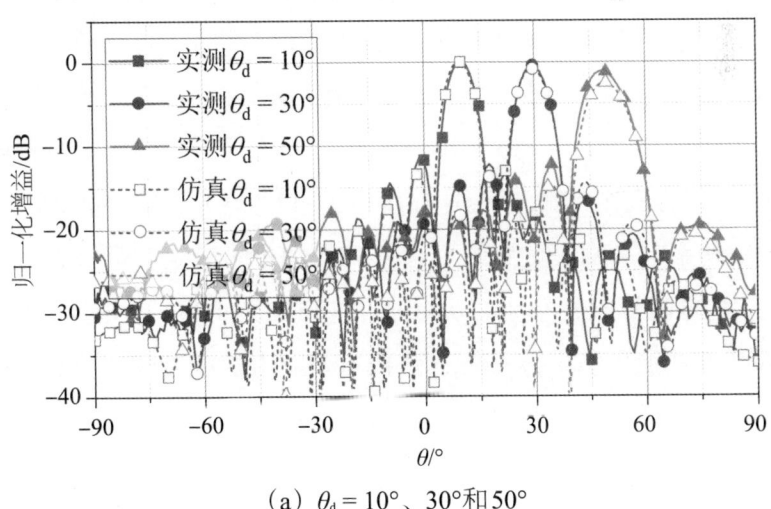

(a) θ_d = 10°、30°和50°

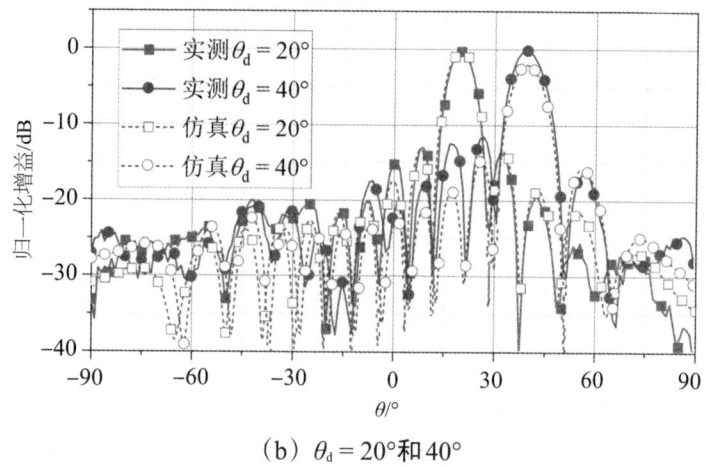

(b) $\theta_d = 20°$ 和 $40°$

图 4-28 陈列天线中心频率辐射方向图的实测和仿真结果（$SLL_d = -13.5$ dB）

图 4-29 对比了伪随机相位-幅度联合调制功率谱密度的测试和仿真结果。与 4.4.3 节的数值仿真设置一致，功率谱密度是基于图 4-21（a）中的 9 号通道的调制时序得到的。实测边带功率在中心频率附近呈现近乎连续分布，且边带频率分量上的功率谱密度远低于中心频率，这意味阵列样机具有实现极低边带电平的潜力。在实际应用中，空时调制阵列的状态切换总会消耗一小段时间。这种非理想的状态切换与式（4-2）中采用理想矩形门函数表征的理想状态切换略有差异，最终进一步表现出仿真功率谱密度和实测功率谱密度之间的微小差异，特别是在 $f_c \pm h/T_{sw}$（$h \in \mathbb{Z}^+$）频率附近。

图 4-30 展示了 $SLL_d = -13.5$ dB 和 $\theta_d = 20°$ 条件下的实测的边带辐射方向图。边带辐射方向图的测量范围为 16.999～17.000 1 GHz，频率间隔为 20 kHz。测量功率电平归一化到中心频率 17.0 GHz 的最大测量值。从图 4-30 可知，实测的边带电平小于 -30.0 dB，这与如图 4-24 所示的仿真结果接近。边带电平的测量结果再一次证明了伪随机相位-幅度联合调制技术在实现低边带性能方面的有效性。

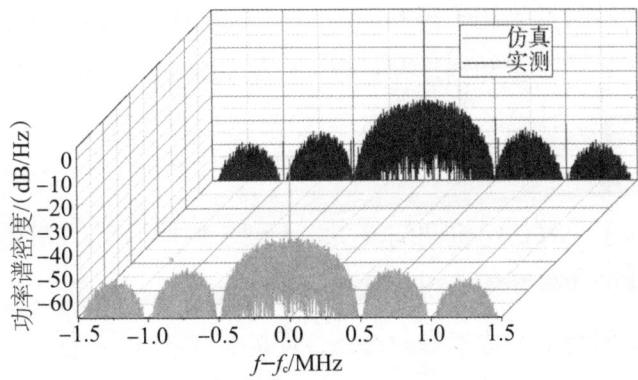

图 4-29　伪随机相位–幅度联合调制功率谱密度的测试和仿真结果

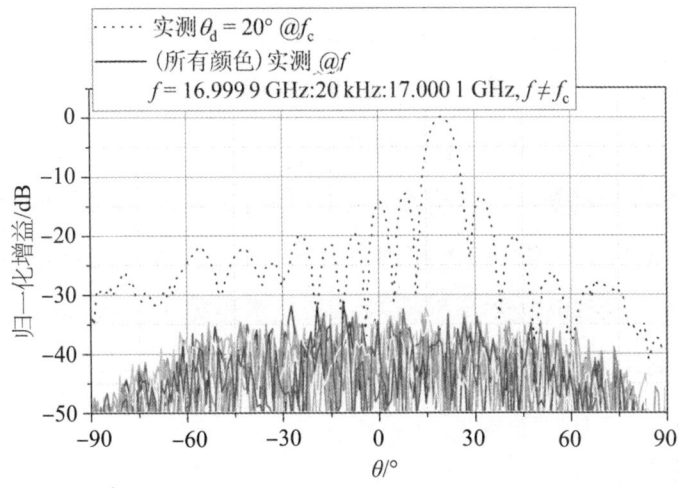

图 4-30　$SLL_d = -13.5$ dB 和 $\theta_d = 20°$ 条件下的实测的边带辐射方向图

4.5　本章小结

本章针对周期调制阵列中边带电平对优化算法和调制器件复杂度的严重依赖问题,开展了基于空时伪随机调制的阵列天线辐射调控技术研究,提出了两种空时伪随机调制技术,并通过一系列数值仿真和实验结果验证了所提技术的有效性。相比周期调制,本章提出的伪随机调制技术不仅避免了时序优化的"尝试和错误"过程,还显著降低了实现低边带电平的调制器件硬件要求,在新一代雷达系统应用中具有广阔的应用前景。本章的主要创新点总结如下。

(1) 建立了空时伪随机调制模型。不同于周期调制,伪随机调制在频域构造了连续的边带功率分布,从而显著降低了单一边带频率上的辐射功率。这一理论创新使得边带辐射抑制性能的提升不再以优化算法的计算量和调制模块的复杂度为代价。

(2) 提出了基于孔径插值的伪随机幅度调制技术。该技术采用了"幅控扫描"思想,通过阵列级三次样条孔径插值操作,在中心频率实现了低边带(<-30.0 dB)、低副瓣、高精度波束扫描。

(3) 针对伪随机"0/1"幅度调制面临的相位控制缺陷,提出了伪随机相位-幅度联合调制技术。该技术联合了"相位"和"幅度"两个伪随机调制对象,实现了天线单元幅度和相位的低边带、高精度协同控制。相比基于孔径插值的伪随机幅度调制技术,该技术避免了三次样条孔径插值操作,进一步简化了时序设计过程。

第五章

空时调制阵列在无线保密通信领域的应用基础研究

5.1 引言

1897年5月18日，Guglielmo Marconi 在英国多佛市的一个悬崖灯塔上实现了横跨布里斯托尔海峡的无线电通信，揭开了无线通信辉煌发展的序幕。此后的一百多年里，无线通信技术取得了惊人的成就，极大地促进了人类生产力的进步。然而，电磁波传播的开放特性给信息的安全传输带来了天然缺陷。理论上，只要在无线通信系统发射信号的覆盖范围内，任何接收机都有可能截获信号、窃取信息，这是无线通信系统自诞生以来一直存在的严峻问题。如今，随着第五代移动通信技术的蓬勃发展，无线通信的安全问题被提升到了前所未有的高度。

物理层安全（physical-layer security）是一种利用无线信道固有的随机时变性和各点异性提高无线通信安全的新兴技术[161]，其起源可以追溯到 Shannon 的信息论保密分析[162]和 Wyner 的窃听模型[163]。在此基础上，阵列天线由于其灵活的波束赋形能力，具有实现物理层安全的应用价值[164]。然而，传统阵列天线仅在基带进行信号调制，不同方向的辐射信号仅存在幅度的差别，使得传输信息仍然可以被旁瓣范围内的高灵敏接收机窃取，存在信息泄露风险。为了防止信息被高灵敏度的接收机窃取，近年来，方向调制技术受到了学术界的广泛关注[119-125]。方向调制技术的核心思想是在保证合法接收机方向无失真传输的同时，尽可能地扭曲非期望方向的信道，进而提升物理层安全[119]。截至目前，大多数方向调制系统需要对阵列天线单元进行严格的相位控制，以实现预期的失真效果。在实际应用中，射频域的方向调制技术面临移相器的量化误差问题，导致预期失真效果与实际效果之间的偏差[165-166]。而如果在基带实现方向调制，则会面临由数模转换导致的信息量损失、高成本和高功耗等问题。可见，尽管物理层安全技术对于提升无线通信的安全性具有十分重要的意义，传统阵列天线在实现物理层安全方面仍然颇具挑战。

得益于"时间"自由度，空时调制阵列天线成了实现物理层安全的有效途径之一[22]。尽管天线、通信领域的学者在这方面已经开展了一些兼具理论和应用价值的研究[126-137]，但不可否认的是，面对越来越先进的窃听技术，空时调制阵列天线在无线保密通信方面的应用仍然面临许多瓶颈问题。

（1）安全性不足。文献中广泛采用周期"0/1"幅度调制实现方向调制效果。周期调制在时间维度的随机性较弱，使得非期望方向上传输信号的失真程度有限，导致安全性不足。

（2）"时间"自由度难以兼顾方向调制与波束扫描性能。方向调制和波束扫描的共同作用能够保证合法接收机方向的最大辐射强度和其他方向的信号失真，这在保密通信系统是极具应用价值的。遗憾的是，现有研究中，实现方向调制和波束扫描的调制理论、调制方法、时序设计方法不尽相同，使得一套调制时序难以同时兼顾两种性能。

（3）效率问题。基于传统周期"0/1"调制的保密通信会在"0"状态吸收一部分的传输信号功率，导致效率显著下降，进而使得保密传输的有效作用距离缩短。

本章将针对上述瓶颈问题，以前几章波束调控的研究成果为基础，进一步开展空时调制阵列在无线保密通信领域的应用研究，提出两种无线保密通信技术。首先，提出一种基于伪随机切换型相位调制的方向调制技术。伪随机切换型相位调制结合了伪随机调制的抗截获优势和递增相位调制的波束扫描优势，能够利用"时间"自由度同时实现期望方向上最大的辐射强度和其他方向上的随机失真。其次，将"混沌"思想引入空时调制研究领域，提出一种基于混沌相位调制的无线保密通信技术。该技术利用"混沌"与生俱来的初始条件敏感、随机不可预测等特性，通过增强发射机与窃听接收机之间的信息不确定性，显著提高保密性能。上述两种保密通信技术的有效性将通过理论推导、数值仿真和实验结果得到验证。

5.2 基于伪随机切换型相位调制的方向调制应用

大多数方向调制系统依靠额外的移相器或矢量调制器实现天线单元的相位控制或波束形成。这些器件的大量使用使得通信系统的损耗增大。传统空时调制阵列广泛采用的周期"0/1"调制不能为方向调制系统提供足够的随机性，且波束扫描能力不足，难以保证合法接收机方向的最大辐射功率[129]。

针对以上问题，本节提出伪随机切换型相位调制理论。与周期"0/1"幅度调制不同，该理论以"相位"为调制对象，在递增相位调制的基础上引入了"伪随机切换"调制特征，在保证合法接收机方向最大辐射功率的同时，增加了其他方向的信道随机性。在此基础上，提出一种基于差分进化算法的时序优化策略，以获得给定期望传输方向约束下的最优调制时序。因此，所构建的方向调制系统总是在期望方向上无失真地传输信号，而在其他非期望方向上呈现出杂乱的信号星座图。最后，搭建基于伪随机切换相位调制的方向调制系统,以验证所提技术的有效性。

5.2.1 基于空时调制阵列的方向调制理论模型

基于空时调制阵列的方向调制系统的保密传输效果如图5-1所示。为了实现合法接收机最佳的接收信噪比,方向调制系统应保证信号在期望的保密传输方向θ_d上无失真地传输,且具有最大的辐射功率。而在非期望方向上,为了防止窃听接收机截获和窃取信息,方向调制系统应充分利用空时调制引起的频谱混叠效应,阻止窃听接收机对传输信号的正确解调。根据文献[129],频谱混叠效应指的是位于不同边带上的调制信号频谱的相互重叠。由于空时调制的多谐波特性,阵列天线在空域不同方向上的发射频谱通常是不同的,这使得空时调制阵列具备实现方向调制的潜力。

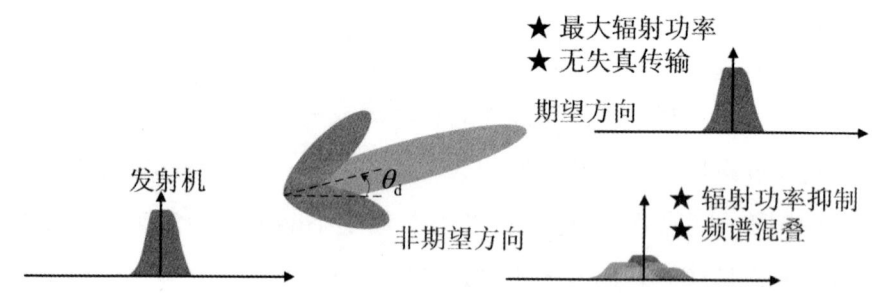

图5-1 基于空时调制阵列的方向调制系统的保密传输效果示意图

为了实现如图5-1所示的保密传输效果,本节提出了基于空时调制阵列的方向调制系统,如图5-2所示。整个系统由发射部分和接收部分组成。发射部分主要由基带信息源、基带调制器、混频器、本振(local oscillator,LO)、高功率放大器(HPA)和空时调制阵列组成。其中,空时调制阵列采用了与3.2节的图3-1一致的结构,主要由一个N单元线阵和N个相位调制模块组成,相位调制模块具有"0°""90°""180°"和"270°"四种相位工作状态。接收部分主要由接收天线、低噪声放大器(low noise amplifier,LNA)、混频器、本振、基带解调器等组成。考虑将"时间"作为方向调制系统的设计自由度,方向调制系统的辐射信号可写作[41]:

$$E(\theta,t) = m(t)e^{j2\pi f_c t} e_0(\theta) \sum_{n=1}^{N} U_n(t) e^{jk(n-1)d\sin\theta} \qquad (5\text{-}1)$$

式(5-1)中,$m(t)$表示基带信号;$e_0(\theta)$表示天线单元的辐射方向图;f_c表示射频输入信号的载波频率;k表示自由空间波数;d表示阵列天线单元间距;θ表示观测角度;$U_n(t)$表示第n个相位调制模块的调制时序。

实现方向调制的核心在于合理设计各个相位调制模块的调制时序$U_n(t)$,而$U_n(t)$的具体设计需要兼顾合法接收机方向的信号辐射强度和非期望方向的随机失真效果。

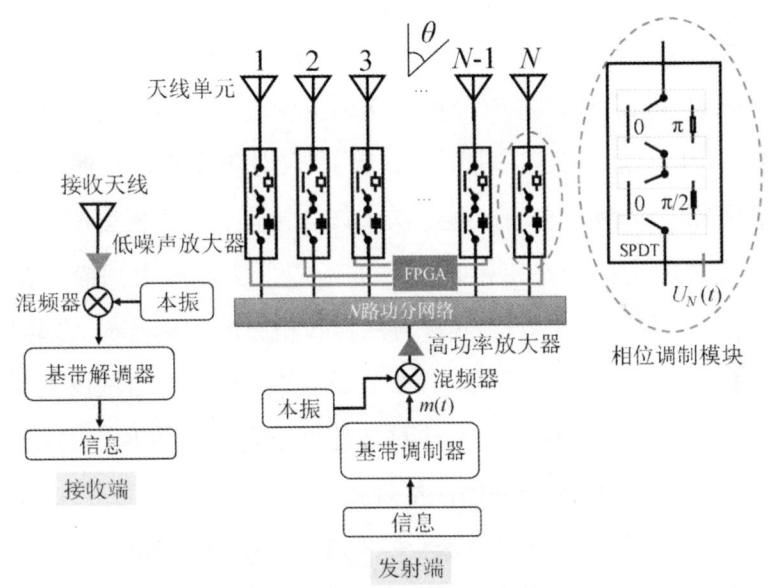

图 5-2　基于空时调制阵列的方向调制系统框图

为了实现期望信号传输方向上的最大信号辐射功率,需要合理使用四种相位工作状态实现阵列天线的扫描波束。而根据3.2节的理论分析可知,空时调制阵列的扫描波束可基于递增相位调制理论实现。为便于后续理论分析,本节将递增相位调制时序记作$V_n(t)$。由式(3-1)和式(3-2)可知，递增相位调制时序 $V_n(t)$ 是一个周期性的调制函数，其相位调控量由状态起始时刻 t_s^n 确定。将式（5-1）中的 $U_n(t)$ 替换为 $V_n(t)$，可以得到递增相位调制的辐射信号：

$$E(\theta,t) = m(t)e_0(\theta) \sum_{h=-\infty}^{+\infty} e^{j2\pi(f_c + hf_p)t} AF_h(\theta) \tag{5-2}$$

式（5-2）中，f_p 为 $V_n(t)$ 的调制频率；$AF_h(\theta)$ 表示第 h 次谐波的阵因子，其计算公式为

$$AF_h(\theta) = \sum_{n=1}^{N} v_h^n e^{jk(n-1)d\sin\theta} \tag{5-3}$$

式（5-3）中，v_h^n 为第 h 次谐波频率的傅里叶系数，由式（3-4）计算。

由式（5-2）和式（5-3）可知，递增相位调制使得射频信号从原始的载波频率 f_c 调制到若干谐波频率分量上，如 f_c+f_p、f_c-3f_p、f_c+5f_p、f_c-7f_p 等。所有的偶次谐波分量和中心频率分量都在相位调制模块中得到抑制。也就是说，当 $h = 4\xi+1$，$h \in \mathbb{Z}$ 时，傅里叶系数 v_h^n 取得非零值，其他情况下总为零。又根据 3.2 节的理论分析，正一次谐波分量具有最大幅度值，因此阵列天线可以在合理设计状态起始时刻 t_s^n 的前提下实现波束扫描。在此情况下，递增相位调制时序 $V_n(t)$ 为实现合法接收机方向的信号最大辐射功率提供了一种有效的技术途径。然而，3.2 节提出的时序设计方法仅实现了正一次谐波信号的有效辐射控制，无法对其他谐波辐射分量加以利用。此外，周期调制为无线信道带来的随机性是极其有限的。这些不足导致 3.2 节的递增相位调制理论及其时序设计方法难以实现高性能方向调制特性。

在递增相位调制时序的基础上，本节提出了一个伪随机切换型相位调制时序，以实现如图 5-1 所示的保密通信效果。伪随机切换型相位调制时序由两个递增相位调制时序 $V_n^\mathrm{I}(t)$、$V_n^\mathrm{II}(t)$ 和一个伪随机 "0/1" 幅度调制时序 $W(t)$ 按照下列数学规则符合而成：

$$U_n(t) = V_n^\mathrm{I}(t)W(t) + V_n^\mathrm{II}(t)[1 - W(t)] \tag{5-4}$$

式（5-4）中，$V_n^\mathrm{I}(t)$ 和 $V_n^\mathrm{II}(t)$ 是根据式（3-1）和式（3-2）生成的两个递增

相位调制时序；伪随机"0/1"幅度调制时序在任意时刻 t 的取值为 0 或 1。

对于如图 5-2 所示的方向调制系统，伪随机切换型相位调制序列由两组递增相位调制序列和一个伪随机"0/1"幅度调制时序生成。一组是 N 个 $V_n^{\mathrm{I}}(t)$（$n=1, 2, \cdots, N$），另一组是 N 个 $V_n^{\mathrm{II}}(t)$（$n=1, 2, \cdots, N$）。由式（5-4）可知，在 $W(t)=1$ 和 $W(t)=0$ 的条件下，总有 $U_n(t) = V_n^{\mathrm{I}}(t)$ 和 $U_n(t) = V_n^{\mathrm{II}}(t)$。两组递增相位调制时序之间的微小差异会导致不重复且难以预测的伪随机切换型相位调制时序，这为时间调制提供了充足的随机性。

将式（5-4）带入式（5-1）可知，射频信号经过伪随机切换型相位调制，其辐射信号可以表征为

$$E(\theta,t) = m(t)\mathrm{e}^{j2\pi f_c t} e_0(\theta) \sum_{n=1}^{N} \{V_n^{\mathrm{I}}(t)W(t) + V_n^{\mathrm{II}}(t)[1-W(t)]\} \mathrm{e}^{jk(n-1)d\sin\theta} \quad (5\text{-}5)$$

由式（5-5）可知，辐射信号同时被 $V_n^{\mathrm{I}}(t)$、$V_n^{\mathrm{II}}(t)$ 和 $W(t)$ 调制，它总是随时间 t 和角度 θ 的变化而变化。进一步地，为了保持期望方向上信号无失真地传输，构成伪随机切换型相位调制时序的 $V_n^{\mathrm{I}}(t)$ 和 $V_n^{\mathrm{II}}(t)$ 需要满足以下约束条件：

$$AF_{+1}^{\mathrm{I}}(\theta_{\mathrm{d}}) = AF_{+1}^{\mathrm{II}}(\theta_{\mathrm{d}}) \quad (5\text{-}6)$$

$$\max\left(\left|AF_{+1}^{\mathrm{I}}(\theta)\right|\right) = \left|AF_{+1}^{\mathrm{I}}(\theta_{\mathrm{d}})\right| \quad (5\text{-}7)$$

$$\sum_{\substack{h=-\infty,\\h\neq+1}}^{+\infty} \mathrm{e}^{j2\pi(f_c + hf_p)t} AF_h^{\mathrm{I}}(\theta_{\mathrm{d}}) = \sum_{\substack{h=-\infty,\\h\neq+1}}^{+\infty} \mathrm{e}^{j2\pi(f_c + hf_p)t} AF_h^{\mathrm{II}}(\theta_{\mathrm{d}}) = 0 \quad (5\text{-}8)$$

式（5-6）至式（5-8）中，$AF_h^{\mathrm{I}}(\theta)$ 和 $AF_h^{\mathrm{II}}(\theta)$ 分别表示阵列天线在 $V_n^{\mathrm{I}}(t)$ 和 $V_n^{\mathrm{II}}(t)$ 调制下第 h 次谐波分量的阵因子，由式（5-3）计算。其中，式（5-6）使得合法接收机方向上的传输信号不受 $W(t)$ 的影响；式（5-7）使得合法接收机方向上的信号辐射功率始终最大；式（5-8）保证了合法接收机方向上除正一次谐波以外的边带辐射功率的最小化。将式（5-6）至式（5-8）带入式（5-5），得到合法接收机方向 θ_{d} 的辐射信号：

$$E(\theta_d,t) = m(t)e^{j2\pi(f_c+f_p)t}e_0(\theta_d)AF_{+1}^{\mathrm{I}}(\theta_d) \tag{5-9}$$

对比原始射频信号 $m(t)e^{j2\pi f_c t}$ 可知，合法接收机方向上的辐射信号出现了偏移量为 f_p 的载波频率偏移。式（5-9）中，$e_0(\theta_d)$ 和 $AF_{+1}^{\mathrm{I}}(\theta_d)$ 都是复常数，它们不会改变合法接收机方向的信号波形。因此，除载波频率偏移之外，合法接收机方向的辐射信号 $E(\theta_d,t)$ 的波形与原始射频信号 $m(t)e^{j2\pi f_c t}$ 相比无其他变化。

通过对比式（5-9）和式（5-5）可知，伪随机切换型相位调制的工作机理如下：受到 $V_n^{\mathrm{I}}(t)$ 或 $V_n^{\mathrm{II}}(t)$ 的控制，空时调制阵列将会产生两组谐波方向图，以保证期望方向的最大辐射功率，并抑制其他非期望方向上的辐射功率。在 t 时刻，由于伪随机"0/1"幅度调制时序 $W(t)$ 的作用，空时调制阵列从两组谐波方向图中伪随机地选取一组，用于传输信号。伪随机切换型相位调制时序由 $V_n^{\mathrm{I}}(t)$、$V_n^{\mathrm{II}}(t)$ 和 $W(t)$ 组成，其产生的多谐波分量将会导致频谱混叠效应，从而使信号在非期望方向随机失真。同时，在 $V_n^{\mathrm{I}}(t)$ 和 $V_n^{\mathrm{II}}(t)$ 的设计过程中，如果满足式（5-6）到式（5-8）的约束条件，总能在期望的方向上传输具有最大辐射功率的正确信号。因此，伪随机切换型相位调制具备了递增相位调制的波束扫描优势和伪随机调制的随机性优势，使得信号在期望方向上的辐射功率最大化，并在其他非期望的方向上增加信道随机性，从而增强方向调制能力。

5.2.2 基于差分进化算法的时序最优化设计策略

5.2.1 节的理论分析表明，为了实现如图 5-1 所示的保密通信效果，需要合理设计调制时序。显然，调制时序的设计涉及不同谐波频率辐射性能之间的相互协调问题，是很难基于解析方法实现的。差分进化算法由于收敛速度快、鲁棒性强等优势，近年来在空时调制阵列的时序优化设计中得到了广泛应用[30, 71]。为了实现期望传输方向调制时序的最优化设计，本小节提出了一种基于差分进化算法的时序优化策略。具体而言，本设计方法采用了文献［167］提出的改进型差分进化算法，调制时序的数量为16（$N=16$）。种群大小设置为100，变异因子（mutation factor）设置为0.5，交叉因子（crossover factor）设置为0.8。结合式（5-6）至式（5-8）的约束条件，伪随机切换型相位调制时序中的 $V_n^I(t)$、$V_n^{II}(t)$ 和 $W(t)$ 可通过下列步骤依次得到。

第一步：优化递增相位调制序列 $V_n^I(t)$ 的状态起始时刻 $t_s^{n,I}$。在差分进化算法中，建立如下的代价函数 $f_{\text{cost},1}$：

$$f_{\text{cost},1} = |SLL_s^{+1} - SLL_d^{+1}| + |SBL_s - SBL_d| + \sum_{\substack{h=-\infty \\ h \neq +1}}^{+\infty} \frac{|AF_h^I(\theta_d)|}{|AF_{+1}^I(\theta_d)|} \quad (5\text{-}10)$$

式（5-10）中，SLL_s^{+1} 和 SLL_d^{+1} 分别代表正一次谐波方向图可实现的副瓣电平和目标副瓣电平；SBL_s 和 SBL_d 分别代表可实现的边带电平和目标边带电平；代价函数 $f_{\text{cost},1}$ 中的第一项和第二项保证了辐射方向图的副瓣电平和边带电平，第三项使得期望角度 θ_d 处 $AF_{+1}^I(\theta_d)$ 的幅度最大化，以及第 h 次谐波阵因子 $AF_h^I(\theta_d)$（$h \neq +1$）的幅度最小化。

通常，辐射方向图的低副瓣和低边带特性可以抑制非期望方向上的信号辐射功率。然而，空时调制的频谱混叠效应对于非期望方向的信道失真至关重要，极低的边带电平实际上并不利于阵列实现方向调制性能。因此，为了实现较好的方向调制性能，优化过程中应将 SBL_d 与 SLL_d^{+1} 的数值设置得尽量接近，这里设置 SLL_d^{+1} 为−14.0 dB，设置 SBL_d 为−15.0 dB。

第二步：优化递增相位调制序列 $V_n^{II}(t)$ 的状态起始时刻 $t_s^{n,II}$。该优化问题是在第一步 $V_n^I(t)$ 的基础上开展的，其代价函数 $f_{\text{cost},2}$ 为

$$f_{\text{cost},2} = f_{\text{cost},1} + |AF_{+1}^{II}(\theta_d) - AF_{+1}^I(\theta_d)| \quad (5\text{-}11)$$

式（5-11）中，第二项确保了由 $V_n^I(t)$ 和 $V_n^{II}(t)$ 产生的辐射方向图在期望传输方向 θ_d 具有相同的幅度和相位。

第三步：设计伪随机"0/1"幅度调制时序 $W(t)$。为了便于设计，在 $W(t)$ 中定义一个切换周期 T_{sw}，意味着 $W(t)$ 的瞬时值每隔 T_{sw} 进行一次切换，且传输信号的波形持续时间 T_d 为 T_{sw} 的整数倍，记作 $T_d = MT_{sw}$，$M \in \mathbb{N}^*$，$\mathbb{N}^*$ 表示正整数集合。在单个波形持续时间 T_d 内，伪随机"0/1"幅度调制时序 $W(t)$ 由以下步骤获得：首先，将波形持续时间 T_d 均匀分成 M 个切换周期，即 $M = T_d/T_{sw}$；其次，伪随机地生成一个包含 M 个元素的一维向量 I，其中包含 M_0 个"0"元素和 $M-M_0$ 个"1"元素；最后，伪随机"0/1"幅度调制时序 $W(t)$ 由式（5-12）生成：

$$W(t) = \sum_{p=1}^{M} I_p \cdot g[t-(p-1)T_{sw}], \ 0 \leqslant t \leqslant T_d \qquad (5\text{-}12)$$

式（5-12）中，I_p 表示一维向量 I 中的第 p 个元素；$g(t)$ 表示矩形门函数。

$$g(t) = \begin{cases} 1, \ 0 \leqslant t \leqslant T_{sw} \\ 0, \ \text{others} \end{cases} \qquad (5\text{-}13)$$

例如，图 5-3 展示了四个波形持续时间段的伪随机"0/1"幅度调制时序 $W(t)$。不失一般性地，在图 5-3 的例子中，切换周期 T_{sw} 与波形持续时间段 T_d 之间的关系设置为 $T_d = 20T_{sw}$。可以看出，本小节设计的伪随机"0/1"幅度调制时序 $W(t)$ 在不同的波形持续时间段里是不重复的。

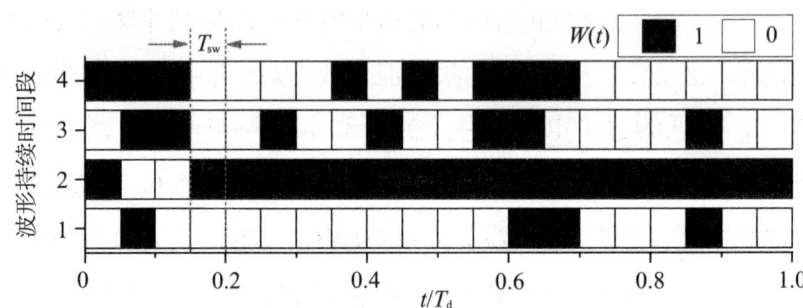

图 5-3 不同波形持续时间段的伪随机"0/1"幅度调制时序 $W(t)$

5.2.3 Ku波段QPSK信号传输数值仿真

本小节将通过数值仿真结果证明提出的方向调制技术的有效性。不失一般性地，本小节的数值仿真都是基于3.2节的Ku波段64单元阵列开展的。该阵列中，每4个印刷偶极子天线组成一个子阵，共包含16个子阵。因此，需要基于5.2.2节的时序设计方法设计16个伪随机切换型相位调制时序。在接下来的仿真分析中，设置射频输入信号的载波频率f_c = 17.0 GHz，设置$V_n^{\rm I}(t)$和$V_n^{\rm II}(t)$的调制频率f_p = 100.0 kHz；设置$W(t)$的状态切换周期$T_{\rm sw}$ = 10.0 μs；设置合法接收机位于30°和40°，即期望保密传输方向θ_d为30°和40°。

图5-4展示了实现期望保密传输方向的最优递增相位调制序列$V_n^{\rm I}(t)$和$V_n^{\rm II}(t)$。具体地，图5-4（a）和图5-4（b）分别展示了θ_d = 30°条件下的$V_n^{\rm I}(t)$和$V_n^{\rm II}(t)$；图5-4（c）和图5-4（d）分别展示了θ_d = 40°条件下的$V_n^{\rm I}(t)$和$V_n^{\rm II}(t)$。在如图5-4所示的$V_n^{\rm I}(t)$和$V_n^{\rm II}(t)$的控制下，幅度方向图和相位方向图分别如图5-5和图5-6所示。容易得到，正一次谐波方向图始终在期望传输方向θ_d上取得最大值，且在期望传输方向上，除正一次谐波以外的其他谐波方向图都出现了零深，这表明射频信号只能由正一次谐波引导到期望的传输方向。阵列天线的边带电平与副瓣电平与5.2.2节所设定的优化目标吻合良好。因此，提出的时序优化策略能够有效地调控不同谐波分量的辐射性能。此外，正如图5-5和图5-6中标注的"★"所示，$V_n^{\rm I}(t)$和$V_n^{\rm II}(t)$产生的正一次谐波方向图在期望传输方向θ_d上具有相同的幅度和相位。而在其他非期望方向上，$V_n^{\rm I}(t)$和$V_n^{\rm II}(t)$产生的两组辐射方向图的幅度和相位始终具有差异性。伪随机切换型相位调制的基本特征是在$V_n^{\rm I}(t)$和$V_n^{\rm II}(t)$产生的两组辐射方向图之间伪随机地切换。在期望传输方向上，由于两组辐射方向图不存在差异，伪随机切换并不影响在期望方向上的信号传输性能。然

而，在非期望方向上，由于两组辐射方向图存在差异，伪随机切换将显著增加方向调制的随机性，使得通信系统的保密传输能力显著提升。

（a） $V_n^{\mathrm{I}}(t)$， $\theta_d = 30°$　　（b） $V_n^{\mathrm{II}}(t)$， $\theta_d = 30°$

（c） $V_n^{\mathrm{I}}(t)$， $\theta_d = 40°$　　（d） $V_n^{\mathrm{II}}(t)$， $\theta_d = 40°$

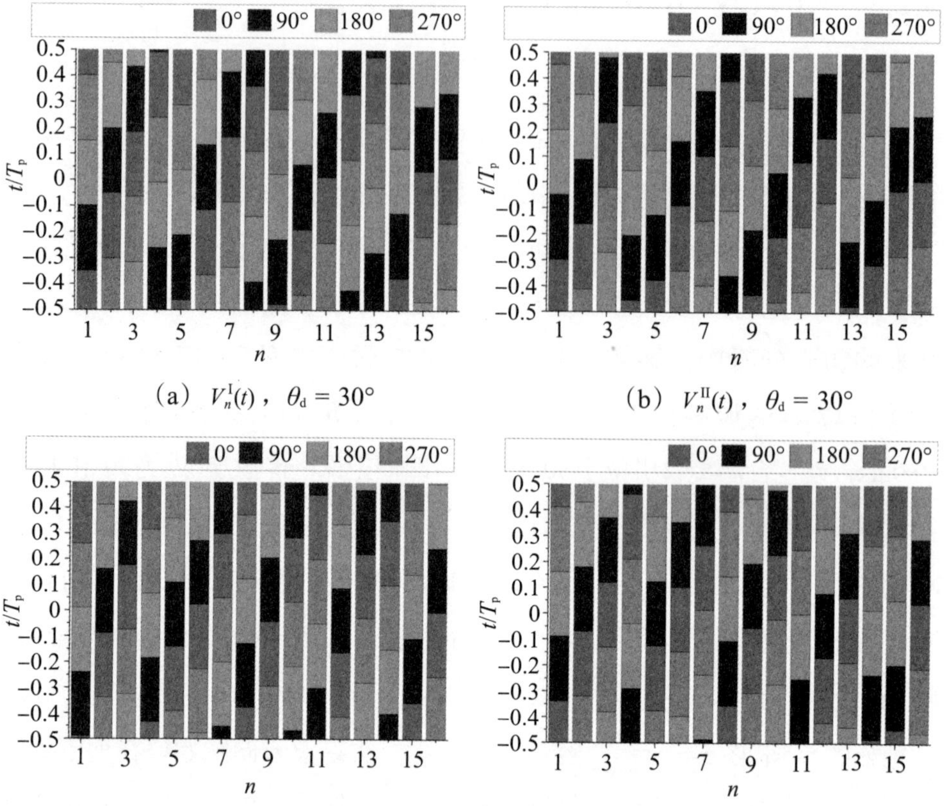

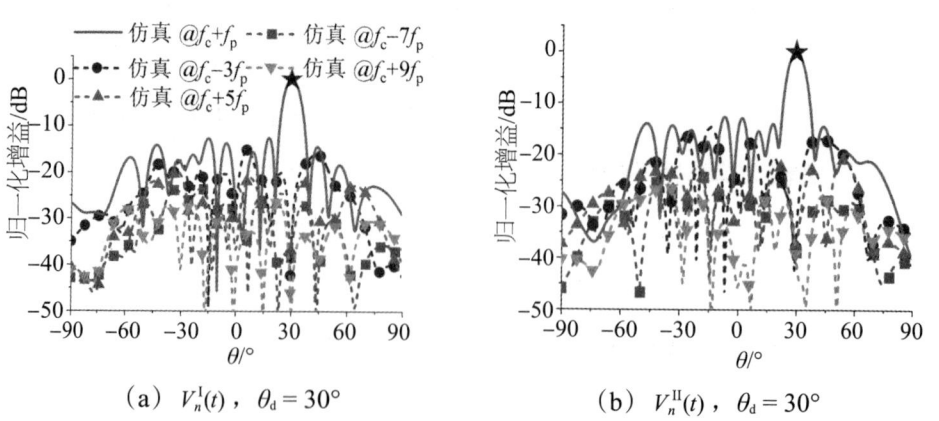

图 5-4　最优递增相位调制时序

（a） $V_n^{\mathrm{I}}(t)$， $\theta_d = 30°$　　（b） $V_n^{\mathrm{II}}(t)$， $\theta_d = 30°$

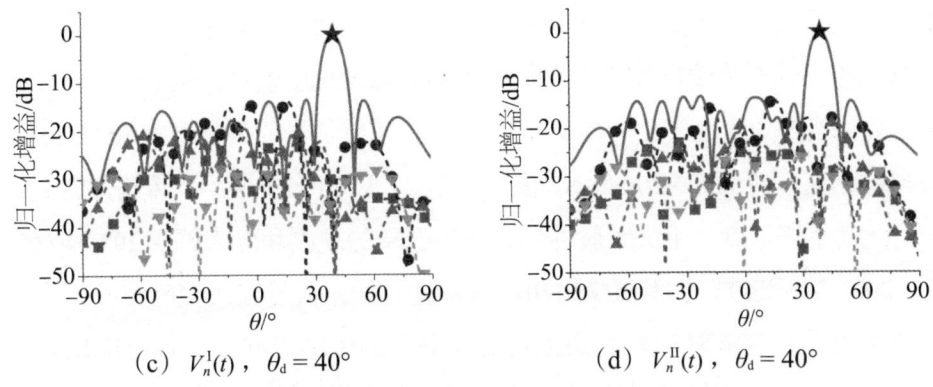

(c) $V_n^{\mathrm{I}}(t)$，$\theta_d = 40°$　　　　(d) $V_n^{\mathrm{II}}(t)$，$\theta_d = 40°$

图5-5　基于图5-4时序调制的幅度方向图仿真结果

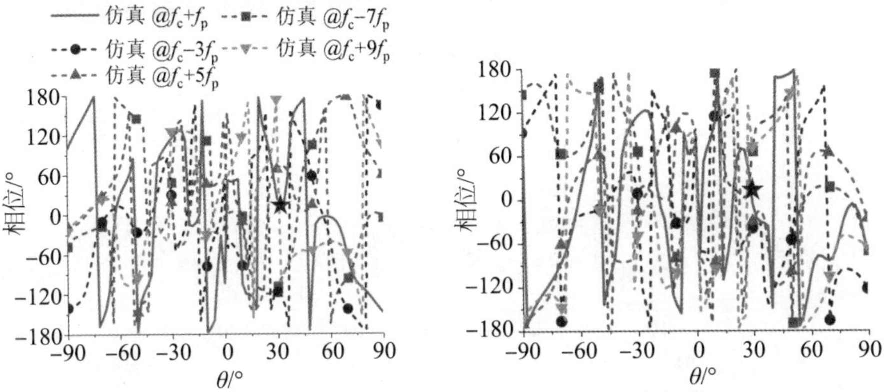

(a) $V_n^{\mathrm{I}}(t)$，$\theta_d = 30°$　　　　(b) $V_n^{\mathrm{II}}(t)$，$\theta_d = 30°$

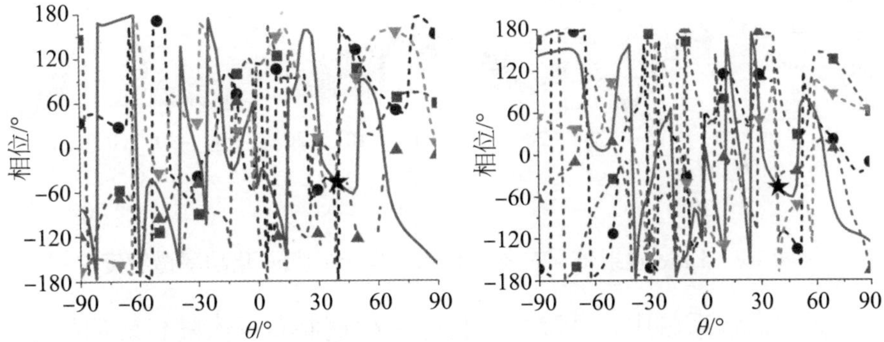

(c) $V_n^{\mathrm{I}}(t)$，$\theta_d = 40°$　　　　(d) $V_n^{\mathrm{II}}(t)$，$\theta_d = 40°$

图5-6　基于图5-4时序调制的相位方向图仿真结果

伪随机切换型相位调制的多谐波特性将会产生频谱混叠效应，从而使信号在非期望方向上失真。为了更直观地展示调制时序在非期望方向上对传输信号的失真效果，接下来将基于如图5-2所示的方向调制系统传输一个LFM信号。这里传输LFM信号的原因是其频域辨识度较高，便于读者观察信号因频谱混叠效应而产生的失真效果。设置LFM信号的带宽 B_s = 800.0 kHz，LFM波形持续时间 T_d = 200.0 μs。图5-7展示了LFM信号在不同传输方向上的归一化功率谱密度。不失一般性地，这里选择的观测角度为 θ = −20°、−10°、0°、20°、30°和40°。由图5-7的功率谱密度可知，信号在期望的传输方向上总能达到最大的辐射功率，而在其他非期望的传输方向上，信号的辐射功率得到抑制。这一特性降低了信号被窃听者监测的概率。此外，伪随机切换型相位调制还给非期望方向上的辐射信号带来了明显的非线性畸变，这进一步增加了信号被窃听者正确解调的难度。

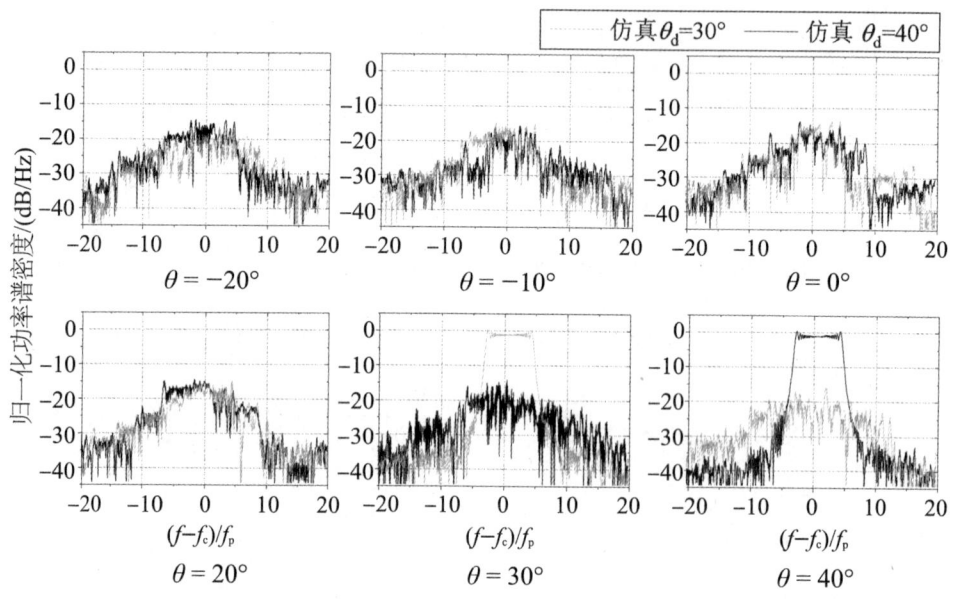

图 5-7　LFM辐射信号在不同传输方向上的归一化功率谱密度

在数字通信系统中，伪随机切换型相位调制将导致随机解调的波形，主要表现为非期望方向上杂乱的星座图。为了说明这一现象，进一步地基于如图5-2所示的方向调制系统开展正交相移键控（quadrature phase shift keying，QPSK）信号传输仿真试验。为了更好地观测调制时序带来的方向调制效果，假设不同的QPSK信号持续时间传输的比特流是相同的。不失一般性地，这里将期望传输方向θ_d设置为40°，QPSK信号的比特率设置为2.0 Mbit/s。目标传输方向上的信噪比设置为25.0 dB。此外，与LFM信号的传输仿真设置类似，将QPSK的波形持续时间T_d设置为200.0 μs，这表明比特流以200.0 μs为周期不断重复。

图5-8展示了QPSK辐射信号在不同传输方向上的星座图仿真结果。在期望传输方向上，QPSK信号总能正确地传输。而在非期望方向上，同一比特流在不同的QPSK波形持续时间内会呈现出具有不同失真效果的星座图，且失真效果也会随着观测角度的变化而变化。在这种情况下，窃听接收机很难从杂乱的星座图中发现QPSK信号特征，从而难以正确识别传输的信息。在实际应用中，不同波形持续时间段内的伪随机切换型相位调制时序总是不同的。得益于伪随机切换型相位调制时序，无线通信系统可以轻松地实现不可重复且难以预测的方向调制性能。即便是窃听者通过某些先进的破译手段破解了某一波形持续时间的调制时序，其他波形持续时间的传输信号也无法通过被破解的调制时序正确解调。为了窃取传输信息，窃听者不得不采用更先进的破译手段破译每一个波形持续时间的调制时序，这在实际应用中是难以实现的。因此，如图5-8所示的QPSK星座图仿真结果表明了利用提出的伪随机切换型相位调制提升数字通信系统方向调制性能的有效性。

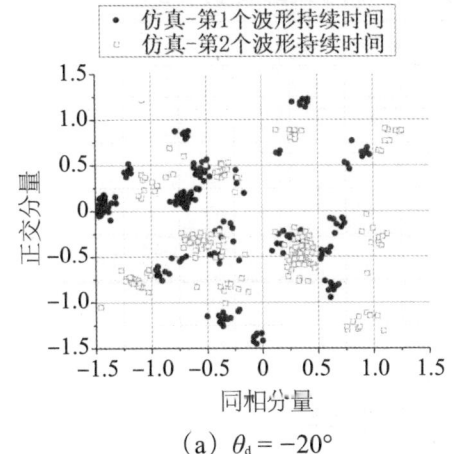

(a) $\theta_d = -20°$

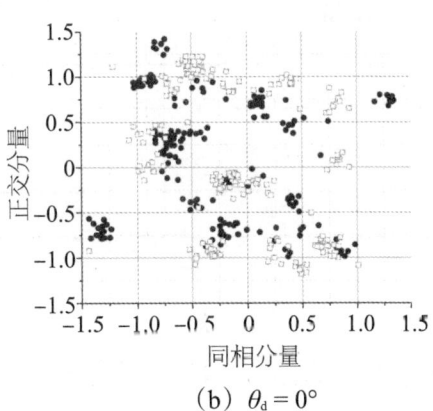

(b) $\theta_d = 0°$

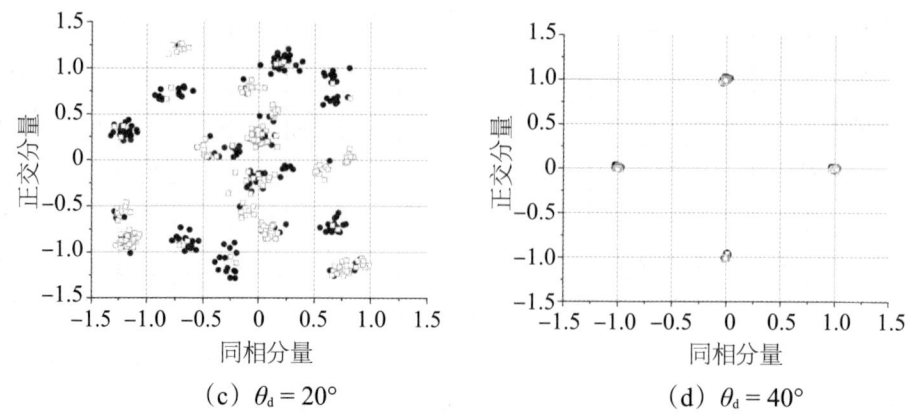

(c) $\theta_d = 20°$ (d) $\theta_d = 40°$

图 5-8　QPSK 辐射信号在不同传输方向上的星座图仿真结果

本书提出的方向调制系统与文献［116］、［129］和［137］三种典型的方向调制系统的调制效率由式（2-15）计算，其典型值在表 5-1 中进行了比较。文献中，调制时序的"0"状态不可避免地导致功率吸收，造成效率显著降低。本工作创新性地将"0"状态和"1"状态用于相位状态的选择，而不是射频通道的通断控制，避免了功率吸收。可以看出，本书提出的方向调制保密通信系统具有最高的调制效率。

表 5-1　基于空时调制阵列的方向调制系统的效率对比

参考文献	保密传输的载频	η_T^{Array} /%
[129]	f_c	62.95
[116]	f_c	25.12
[137]	f_c+f_p f_c+2f_p	32.89
本书工作	f_c+f_p	75.34

5.2.4　Ku 波段 QPSK 信号传输实验验证

本小节将通过实验手段验证提出的方向调制技术的有效性，方向调制保密通信实验框架如图5-9所示。为了验证边带辐射引起的失真效果,本实验采用了一个独立的矢量信号发生器来发射特定载频的信号,并在接收端使用示波器和频谱分析仪测量不同方向的辐射信号。实验按照以下步骤进行。第一步,信号产生与辐射。计算机向矢量信号发生器发送指令,产生射频信号。射频信号由高功率放大器(HPA)放大,以补偿信号发生器和空时调制阵列之间的路径损耗。空时调制阵列对射频信号进行相位调制,并将其辐射至自由空间。第二步,信号接收与中频变换。接收端采用一个喇叭天线接收辐射信号。接收信号被低噪声放大器(LNA)放大之后,再由混频器变频到中频。第三步,信号采样与处理。先通过示波器和频谱分析仪对中频信号进行采样,再将采样数据发回计算机进行后处理。实验采用了罗德与施瓦茨公司的SMW-200A矢量信号发生器作为发射源。本小节的实验验证是在微波暗室中开展的。为了验证数值仿真结果的正确性,实验验证采用了3.2.3节研制的Ku波段控制调制阵列样机,并采用了与5.2.3节数值仿真一致的参数设置,即射频信号的载波频率f_c为17.0 GHz,调制频率f_p为100.0 kHz,切换周期T_{sw}为10.0 μs。

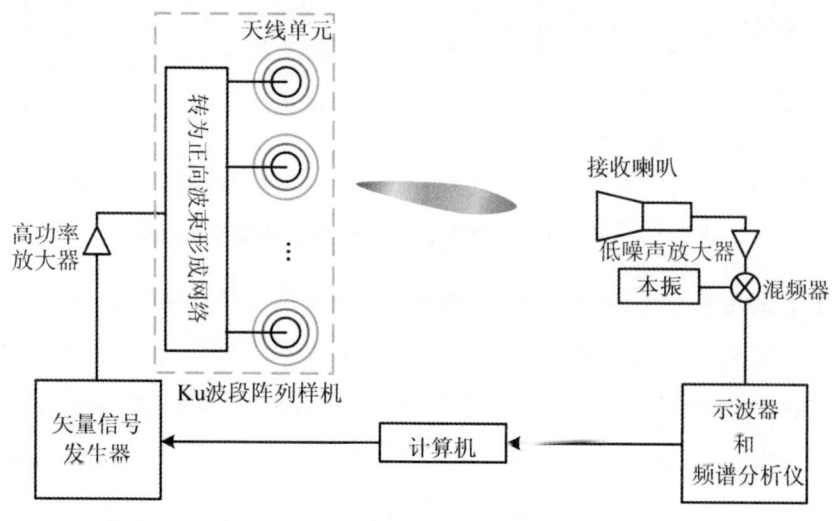

图5-9 方向调制保密通信实验框图

在如图5-4所示的时序$V_n^I(t)$和$V_n^{II}(t)$调制下,阵列样机实测的辐射方向图如图 5-10 所示。可以看出,正一次谐波方向图始终在期望传输方向 θ_d 上取得最大值,且在期望传输方向上,除正一次谐波以外的其他谐波方向图都出现了零深,这与图 5-5 的仿真结果吻合良好,证明了空时调制阵列实现目标方向图的有效性。

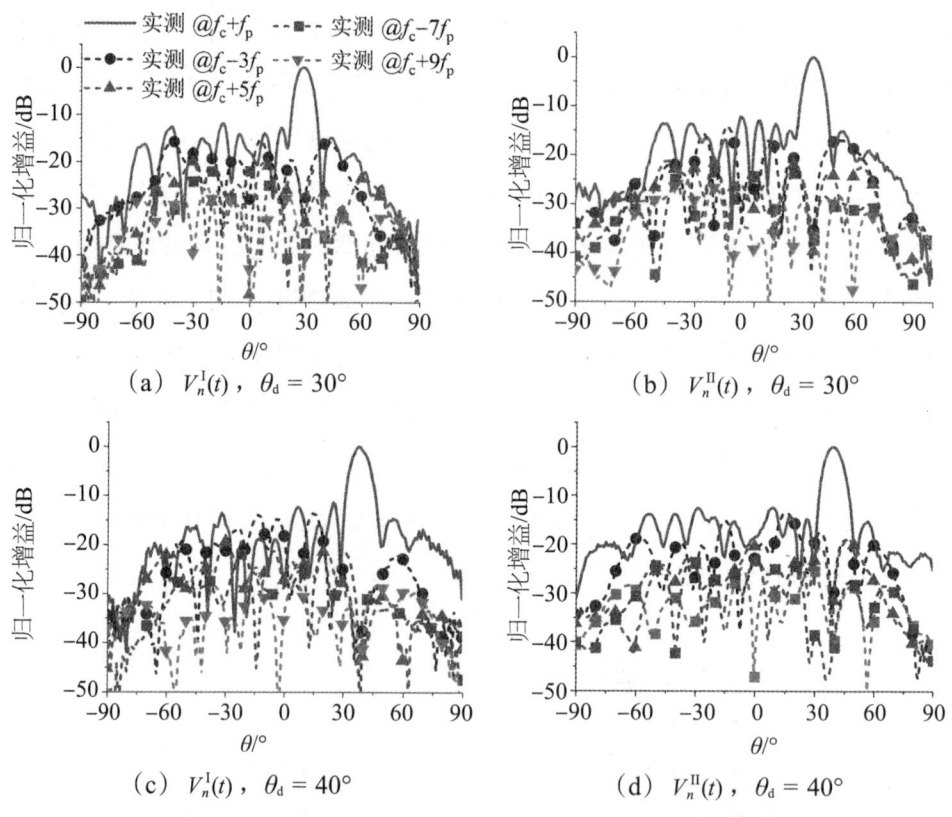

图 5-10 基于图 5-4 时序调制的辐射方向图实测结果

接下来将基于图 5-9 的实验配置进行 QPSK 信号传输实验,并对多个传输方向的辐射信号进行测量。在实验测试过程中,期望传输方向 θ_d 设置为 40°,QPSK 信号的比特率设置为 2.0 Mbit/s,QPSK 信号的波形持续时间 T_d 设置为 200.0 μs。此外,对于每一个波形持续时间 T_d,矢量信号发生器产生的 QPSK 信号是相同的。QPSK 信号在伪随机切换型相位调制下的辐射信号功率谱密度如图 5-11 所示。特别地,对图 5-11 中的功率谱密度进行了如下归一化操作:输入信号的功率谱密度根据其最大值进行归一化;辐射信号的功率谱密度根据所有测试方向的最大测试值进行归一化。由图 5-11 可以看出，具有最大辐射功率的 QPSK 信号被传输到期望方向。测量结果很好地证明了伪随机切换型相位调制时序实现非期望方向信号失真和最大化期望方向信号的能力。图 5-12 展示了 QPSK 辐射信号在不同传输方向上的星座图仿真结果。原始的 QPSK 星座图会在非期望的传输方向上被打乱，而在期望的 40°方向上总能正确传输。实际测量过程中存在一些非理想因素，如多径效应、路径损耗、系统随机误差等。这些非理想因素将不可避免地导致星座图的轻微失真。尽管如此，图 5-8 和图 5-12 的星座图都证明了提出的方向调制保密传输技术的有效性。

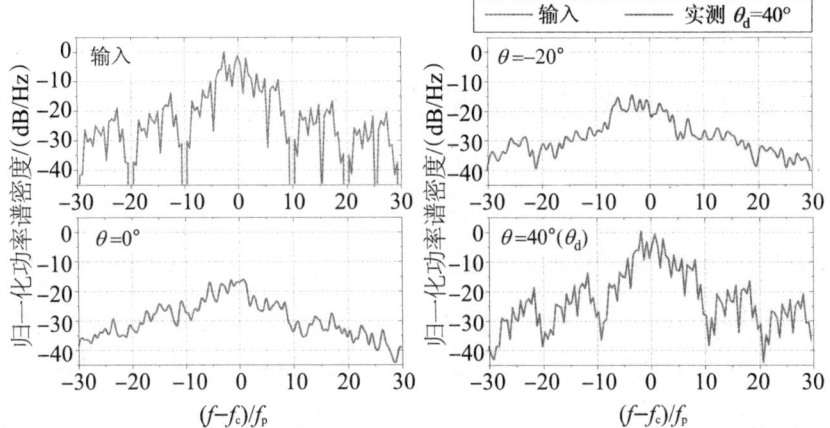

图 5-11　QPSK 信号在伪随机切换型相位调制下的辐射信号功率谱密度

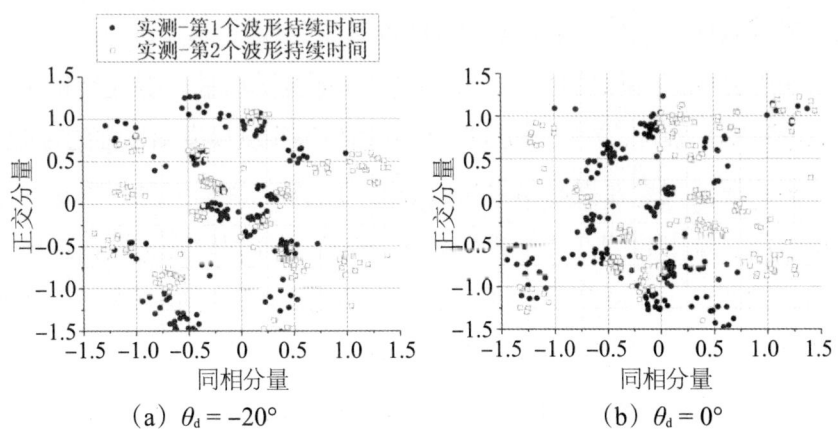

(a) $\theta_d = -20°$　　　　　　　　(b) $\theta_d = 0°$

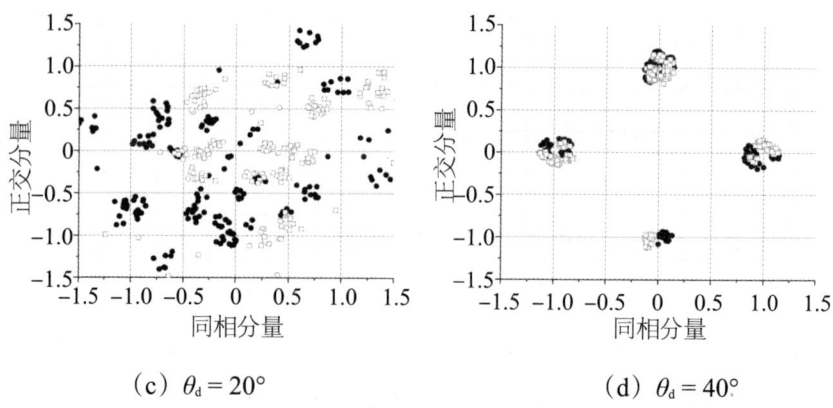

(c) $\theta_d = 20°$ (d) $\theta_d = 40°$

图 5-12　QPSK 辐射信号在不同传输方向上的星座图仿真结果

5.3　基于混沌相位调制的无线保密通信应用

2021 年，瑞典皇家科学院将诺贝尔物理学奖授予 S. Manabe、K. Hasselmann 和 G. Parisi 三位科学家，以表彰他们"对我们理解复杂系统（complex system）作出的突破性贡献"。混沌理论（chaos theory）作为复杂系统理论的重要研究分支，描述了确定性系统因对初值敏感而表现出的复杂的类随机性行为，它与相对论、量子力学同被誉为 20 世纪的三大科学革命[168]。著名的"蝴蝶效应"便是一个典型的混沌现象[169]。近年来，得益于混沌现象与生俱来的初始条件敏感性、不可预测性和高度随机性，混沌理论正与电子信息学科交叉融合，在图像处理、保密通信等领域焕发出很强的生命力。

考虑到混沌现象在提高信号抗截获能力、增强传输信息不确定性方面的应用潜能，本书将"混沌"思想引入空时调制阵列研究领域，提出一种混沌相位调制理论，并基于该理论形成一种无线保密传输技术。该技术能够显著增强发射机与窃听接收机之间的信息不确定性，从而提高了保密性能。本节首先将介绍目前混沌理论中应用最广泛的一维 Logistic 混沌映射关系，并讨论其进入混沌状态的条件。在此基础上，提出适用于空时调制阵列的混沌相位调制理论，并建立基于混沌相位调制的保密通信模型。进一步地，针对任意给定的保密通信方向，提出混沌相位调制时序的设计方法。最后，搭建Ku波段无线保密通信实验平台，以验证所提保密通信技术的有效性。

5.3.1　一维Logistic混沌映射

"混沌"一词最早出现在美国数学家J. A. Yorke和他的学生T. Y. Li发表的题为*Period Three Implies Chaos*的学术论文中[170]。它表征了确定性系统中的一类复杂的类随机性行为。初始条件敏感性、不可预测性和高度随机性是混沌现象的三大突出特征。以往的研究表明，即便是简单的一维混沌映射，也会产生极其复杂的混沌现象[171]。混沌理论中的一维Logistic映射具有结构简单、性能优越等优势，已经成为应用最广泛的混沌映射关系之一。根据文献［172］中的理论分析，一维Logistic混沌映射的数学表达式为

$$x_{p+1} = a x_p (1 - x_p) \tag{5-14}$$

式（5-14）中，a表示控制因子，且$a \in (0, 4]$；x_p和x_{p+1}分别是一维Logistic混沌映射的第p个元素和第$p+1$个元素，且$x_p \in (0, 1)$。

由式（5-14）可知，任意x_{p+1}总是可以由x_p计算得到，其构成了一个确定性系统。大量的理论研究表明，控制因子a将显著影响一维Logistic混沌映射的工作状态，下面将结合数值算例对一维Logistic混沌映射的工作状态作出总结。

（1）当$a \in (0, 1)$时，随着p的增大，迭代将收敛于$x = 0$。例如，图5-13(a)给出了一维Logistic混沌映射在$a = 0.5$和$x_1 = 0.3$时的仿真结果。

(2) 当 $a \in [1,3]$ 时，随着 p 的增大，迭代将收敛于 $x = (a-1)/a$。例如，图5-13（b）给出了一维Logistic混沌映射在 $a = 2.0$ 和 $x_1 = 0.3$ 时的仿真结果。

(3) 当 $a \in (3, 3.449)$ 时，随着 p 的增大，迭代将在两个确定数值之间周期振荡。例如，图5-13（c）给出了一维Logistic混沌映射在 $a = 3.2$ 和 $x_1 = 0.3$ 时的仿真结果。

(4) 当 $a \in (3.449, 3.544)$ 时，随着 p 的增大，迭代将在4个确定数值之间周期振荡。例如，图5-13（d）给出了一维Logistic混沌映射在 $a = 3.5$ 和 $x_1 = 0.3$ 时的仿真结果。

(5) 当 $a \in (3.544, 3.564)$ 时，随着 p 的增大，迭代将在8个确定数值之间周期振荡。例如，图5-13（e）给出了一维Logistic混沌映射在 $a = 3.55$ 和 $x_1 = 0.3$ 时的仿真结果。

(6) 当 $a \in (3.569\,945\,6, 4]$ 时，迭代将进入混沌状态。

混沌现象的主要特征是所生成序列在任意有限长度之前或者之后的元素都是不可预测的。也就是说，基于中间某一段有限长的序列既不能反推出Logistic混沌映射的初始条件 a 和 x_1，也不能推测出该序列之后的元素值。此外，由于初始条件敏感特性，由几乎相同的初始条件演化而来的两个混沌序列将很快变得互不相关。例如，图5-13（f）给出了一维Logistic混沌映射在 $a = 4.0$，以及 $x_1 = 0.3$ 和 0.295 时的仿真结果。在 x_1 仅相差0.05的初始条件下，在前50次迭代内就已经产生了两个互不相关的混沌序列。可见，一维Logistic混沌映射因初值敏感而表现出了高度随机性和不可预测性，这使得其具备天然的抗截获能力。

在无线保密通信应用中，由Logistic混沌映射产生的混沌序列可以作为密钥流提高保密性能。发射端和合法接收端使用相同的混沌序列进行信息加密和解密，而正确的混沌序列只有在 a 和 x_1 的正确初始条件下才能生成。在实际应用中，一些密钥交换协议可以有效防止窃听者得到正确的初始条件 a 和 x_1，如Diffie-Hellman协议[173]。此外，混沌序列的初始条件敏感性也可以抵御来自窃听接收机的暴力破解。对于确定的初始条件 a 和 x_1，Logistic混沌映射可以产生大量的一次性密钥。该特性避免了发射机与合法接收机共享所有密钥的需要,而仅需共享初始条件 a 和 x_1。因此,采用混沌序列作为密钥流也会大大降低密钥的通信开销。共享的初始条件可以生成大量不重复的密钥来加密大量的数据,这使得一维 Logistic 混沌映射在提升无线通信安全性方面极具吸引力。

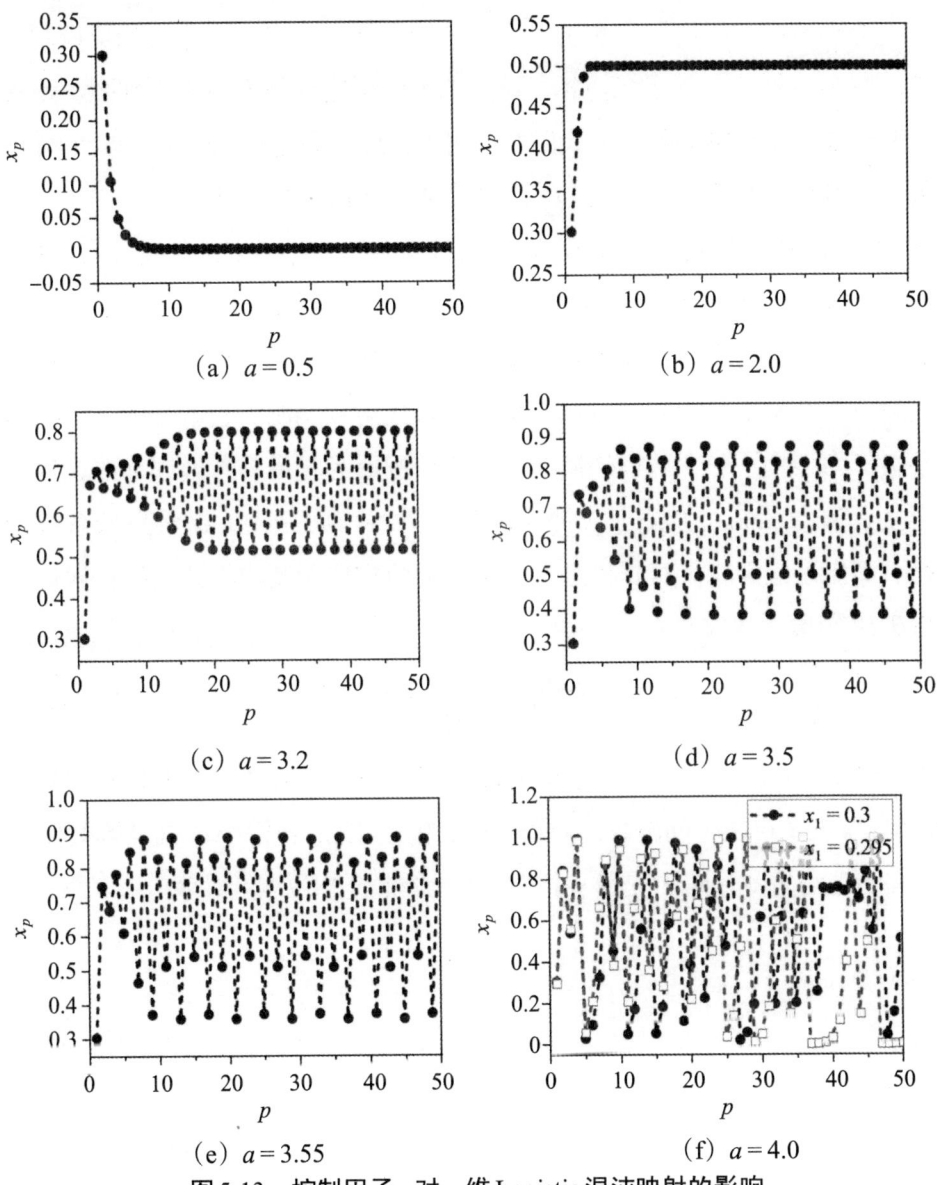

图 5-13 控制因子 a 对一维 Logistic 混沌映射的影响

5.3.2 适用于保密通信的混沌相位调制理论

本小节将"混沌"思想引入空时调制阵列中,提出了混沌相位调制理论。图5-14展示了基于混沌相位调制的无线保密通信发射机原理图。不失一般性地,图5-14的阵列天线仍然采用了3.2.3节所述的16子阵单元的阵列天线。其中,每个子阵单元包含了4个双层印刷偶极子天线。每个子阵单元由一个相位调制模块实现混沌相位调制。相位调制模块具有"0°""90°""180°"和"270°"四种相位工作状态,受到FPGA产生的数字逻辑信号的控制。与现有的文献及本书之前的工作相比,这里的无线保密通信发射机在结构上最大的特点在于采用了直接射频调制。也就是说,提出的发射阵列架构不包含数模转换器、基带调制器等基带信号处理器件,信号产生、信号调制、波束形成等功能都在天线阵面完成,这对降低系统功耗、简化系统架构具有积极意义。基于混沌相位调制的阵列天线辐射信号 $E(\theta,t)$ 可表示为

$$E(\theta,t) = e^{j2\pi f_c t} e_0(\theta) \sum_{n=1}^{N} U_n(t) e^{jk(n-1)d\sin\theta} \qquad (5-15)$$

式(5-15)中,$e_0(\theta)$ 表示子阵单元的方向图;f_c 表示输入连续波信号的载波频率;k 表示自由空间波数;d 代表子阵单元间距;θ 表示 yoz 面从阵列侧射方向的观测角度;$U_n(t)$ 是第 n 个子阵单元的混沌相位调制时序。

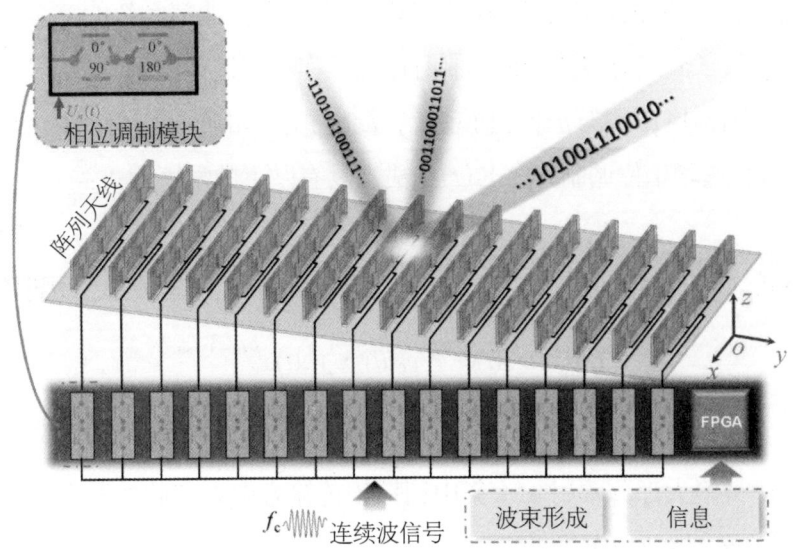

图5-14 基于混沌相位调制的无线保密通信发射机原理图

完全信息论保密（perfect information-theoretic secrecy）要求窃听者接收到的消息 Y 不包含任何关于传输信息 X，即 $MI(X;Y)=0$，其中，$MI(X;Y)$ 表示发送消息 X 和接收消息 Y 之间的互信息，可以由式（5-16）计算[174]：

$$MI(X;Y)=H(X)+H(Y)-H(X,Y) \qquad (5\text{-}16)$$

式（5-16）中，$H(X)$ 和 $H(Y)$ 表示消息 X 和 Y 的信息熵；$H(X,Y)$ 表示 X 和 Y 之间的联合熵[174]。

为了方便不同系统之间的保密性能评估，这里引入归一化互信息的概念，将 $MI(X;Y)$ 归一化到 [0, 1] 内评估。本小节归一化互信息 $NMI(X;Y)$ 由式（5-17）计算[175]：

$$NMI(X;Y)=\frac{MI(X;Y)}{\sqrt{H(X)H(Y)}} \qquad (5\text{-}17)$$

具体地，$NMI(X;Y)=0$ 的意义是接收消息 Y 不包含任何发射消息 X，$NMI(X;Y)=1$ 表明接收消息 Y 和发射消息 X 之间的信息不确定性被完全消除。为了增强发射机与窃听接收机之间的信息不确定性，作者基于图5-14提出了一种混沌相位调制时序来实现安全传输。混沌相位调制时序的特点在于在天线阵面实现了混沌加密、方向调制、波束扫描等多种安全传输技术，这些安全传输技术的共同作用将显著提高无线通信系统的安全性。下面将结合数学公式对混沌相位调制时序的工作机理进行阐述。

对于图5-14中的第n个子阵单元，混沌相位调制时序$U_n(t)$由信息调制时序$I(t)$和递增相位调制时序$V_n(t)$组成，具有以下数学表达式：

$$U_n(t) = I(t)V_n(t) \tag{5-18}$$

将式（5-18）带入式（5-15），得到混沌相位调制下的阵列天线辐射信号：

$$E(\theta,t) = I(t)e^{j2\pi f_c t}e_0(\theta)\sum_{n=1}^{N}V_n(t)e^{jk(n-1)d\sin\theta} \tag{5-19}$$

由3.2节的理论分析，阵列天线受到递增相位调制，将实现高效率波束扫描，使得绝大部分辐射功率集中到期望传输方向。在此情况下，辐射方向图可以进一步地写作：

$$F(\theta,t) = \sum_{h=-\infty}^{+\infty} e^{j2\pi(f_c+hf_p)t} F_h(\theta) \tag{5-20}$$

式（5-20）中，f_p表示递增相位调制时序的调制周期；$F_h(\theta)$表示第h次谐波方向图，得到：

$$F_h(\theta) = e_0(\theta)\sum_{n=1}^{N}v_h^n e^{jk(n-1)d\sin\theta} \tag{5-21}$$

式（5-21）中，v_h^n表示递增相位调制时序第h次谐波频率的傅里叶系数，由式（3-4）得到。

根据5.2节，递增相位调制时序$V_n(t)$不同频率的边带辐射具有不同的空间分布特性。如果合理设计$V_n(t)$的状态起始时刻t_s^n，是有望在期望传输方向上实现具有最大辐射功率的无失真传输，而在其他非期望方向上产生信号畸变。在此情况下，波束形成序列$V_n(t)$可以同时具备波束扫描特性和方向调制特性，进而从物理层提高传输的安全性。然而，递增相位调制时序是一个周期性函数，由其直接产生的方向调制效果对波形的失真调制程度有限。而且，如果仅依靠$V_n(t)$，当窃听接收机与合法接收机位于同一方向时，保密通信将失去效力。因此，有必要在波束形成序列$V_n(t)$的基础上，通过设计信息调制时序$I(t)$进一步地提高无线通信的安全性。

为了将"混沌"思想用于调制时序设计,需要明确信息调制时序$I(t)$的数学表征。信息调制时序$I(t)$实现信息调制和混沌加密功能。根据如图5-14所示的基于直接射频调制方法的发射阵列架构,数字通信系统常用的QPSK调制可以由相位调制模块实现。表5-2建立了QPSK符号与相位调制模块工作状态之间的映射关系,以及相位调制模块的工作状态与二进制信息之间的映射关系。根据上述映射关系,信息调制时序$I(t)$可以表示为

$$I(t)=\sum_{m=1}^{M}I_m\cdot h[t-(m-1)T_s] \qquad (5\text{-}22)$$

式(5-22)中,I_m表示第m个QPSK符号,也可用来表示相位调制模块的瞬时工作状态;M代表传输QPSK符号的总数;根据不同的工作状态,I_m的取值为1、$e^{j\pi/2}$、$e^{j\pi}$、$e^{j3\pi/2}$;T_s表示QPSK符号的持续时间;$h(t)$表示矩形脉冲函数。

$$h(t)=\begin{cases}\sqrt{1/T_s},\ 0\leqslant t\leqslant T_s\\ 0,\ \text{others}\end{cases} \qquad (5\text{-}23)$$

表5-2 信息调制序列的映射关系

QPSK符号	二进制信息	相位调制模块的工作状态
0°	00	0°
90°	01	90°
180°	10	180°
270°	11	270°

信息调制时序$I(t)$中的I_m是根据式(5-14)的一维Logistic映射进行混沌加密之后的QPSK符号。在信息调制时序$I(t)$和递增相位调制时序$V_n(t)$的基础上,混沌相位调制时序$U_n(t)$可由式(5-18)得到。因此,混沌相位调制时序$U_n(t)$具备了信息调制时序$I(t)$带来的混沌加密特性和递增相位调制时序$V_n(t)$带来的方向调制、波束扫描特性。这些特性的共同作用将有利于保密性能的提升。此外,为了评估混沌相位调制时序$U_n(t)$对空间辐射功

率分布的影响，后续的数值仿真进一步地考虑了文献［134］提出的平均辐射功率方向图：

$$P(\theta) = \frac{1}{T} \int_0^T E(\theta,t) E^*(\theta,t) \mathrm{d}t \tag{5-24}$$

5.3.3 混沌相位调制时序的设计方法

混沌相位调制时序的设计分为递增相位调制时序的设计和信息调制时序的设计两个部分。

对于递增相位调制时序的设计，为了实现任意给定方向的安全传输，需要基于优化算法对递增相位调制时序进行优化。正如5.3.2节所述，递增相位调制时序 $V_n(t)$ 的作用是实现阵列天线波束扫描和方向调制性能。这些性能的共同作用效果是在期望方向上传输具有最大辐射功率的无失真波形，而在非期望方向上实现波形的畸变。上述优化目标与5.2.2节伪随机切换型相位调制时序的优化目标是一致的，这里可以借鉴5.2.2节提出的优化策略，根据期望传输方向 θ_d、副瓣电平以及边带电平对 $V_n(t)$ 中的状态起始时刻 t_s^n 进行优化。采用文献［167］提出的改进型差分进化算法，其代价函数如下：

$$f_{\mathrm{cost}} = |SLL_\mathrm{s}^{+1} - SLL_\mathrm{d}^{+1}| + |SBL_\mathrm{s} - SBL_\mathrm{d}| + \sum_{\substack{h=-\infty \\ h \neq +1}}^{+\infty} \frac{|F_h(\theta_\mathrm{d})|}{|F_{+1}(\theta_\mathrm{d})|} \tag{5-25}$$

式（5-25）中，SLL_s^{+1} 和 SLL_d^{+1} 分别代表正一次谐波方向图可实现的副瓣电平和目标副瓣电平；SBL_s 和 SBL_d 分别代表可实现的边带电平和目标边带电平。将 SLL_d^{+1} 和 SBL_d 设置为-14.0 dB 和-15.0 dB。

对于给定保密传输方向 θ_d，可根据式（5-25）的代价函数得到一组最优的状态起始时刻 t_s^n。递增相位调制时序 $V_n(t)$ 可根据状态起始时刻 t_s^n 生成。

信息调制时序的设计目标是同时实现信息调制和混沌加密。首先，将传输的比特流平均分成 P 段，每段包含 8 bit 二进制信息（M 个 QPSK 符号，$M = 4P$）。这些 8 bit 信息片段用混沌序列元素按顺序加密。在此基础上，信息调制时序 $I(t)$ 按照以下步骤生成。第一步，在式（5-14）的一维 Logistic 混沌映射中设定初始条件 a 和 x_1，产生一个混沌序列。由混沌序列的第 p 个元素 x_p（$0 < x_p < 1.0$）确定一个新的参数 y_p（$0 < y_p < 255$，$y_p \in \mathbb{Z}$），其计算方法为

$$y_p = \lfloor 255 \times x_p \rfloor \tag{5-26}$$

式（5-26）中，$\lfloor \cdot \rfloor$ 表示向下取整运算。例如，如果 $x_p = 0.8046\cdots$，其对应的 y_p 的二进制形式为"11001101"，十进制形式为"205"。

第二步，由 y_p 按位进行异或运算，实现信息的混沌加密：

$$B_p = b_p \oplus y_p \tag{5-27}$$

式（5-27）中，b_p 表示第 p 个未加密的 8 bit 信息片段；B_p 表示第 p 个已加密的 8 bit 信息片段。

因此，基于 P 个已加密的 8 bit 二进制信息片段，可以获得 M 个已加密的 QPSK 符号。将 M 个已加密的 QPSK 符号带入式（5-22），得到信息时间序列 $I(t)$，实现信息调制功能。

在生成的信息调制时序 $I(t)$ 和递增相位调制时序 $V_n(t)$ 的基础上，混沌相位调制时序 $U_n(t)$ 可由式（5-18）得到。图 5-15 给出了信息调制时序 $I(t)$ 的异或运算过程，以及 $I(t)$ 与 $V_n(t)$、$U_n(t)$ 之间的波形关系。

如图 5-14 所示的发射机在混沌相位调制序列 $U_n(t)$ 的控制具备混沌加密、方向调制、波束扫描等多种特性。为了获得正确的传输信息，接收端必须进行以下操作实现信息解密：

$$r_p = R_p \oplus y_p \tag{5-28}$$

式（5-28）中，R_p 代表接收的第 p 个 8 bit 信息片段；r_p 表示第 p 个已解密的 8 bit 信息片段。

由式（5-28）可知，正确恢复原始信息的前提条件有两个：（1）所有已加密的 8 bit 信息片段需要正确地接收和解调（$R_p = r_p$）；（2）接收端必须采用正确的混沌序列进行解密。然而，混沌加密、方向调制、波束扫描三

种性能使得窃听接收机很难同时满足上述条件,这使得混沌相位调制在无线保密通信领域非常适用。

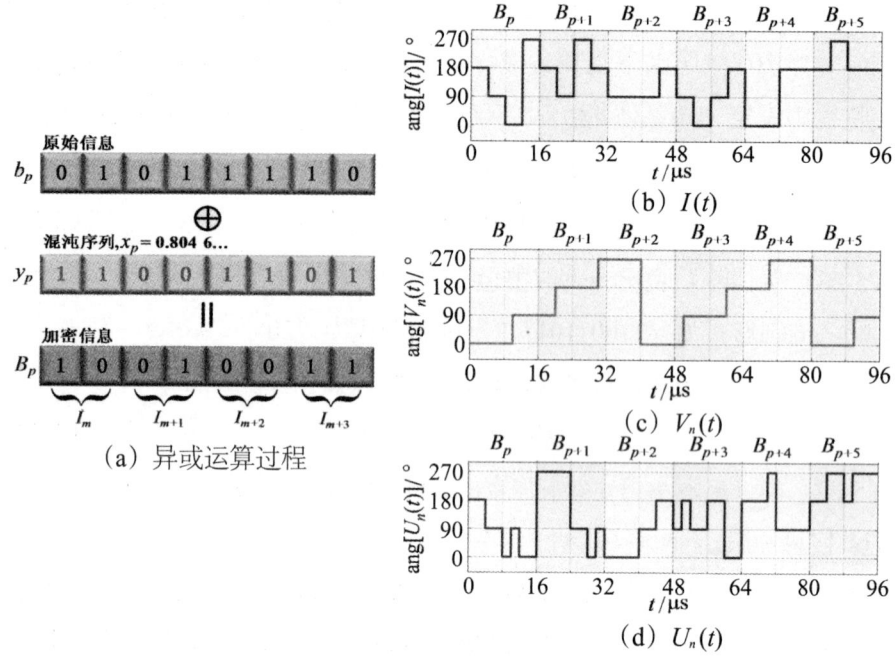

图 5-15 信息调制时序 $I(t)$ 的异或运算过程以及 $I(t)$、$V_n(t)$ 和 $U_n(t)$ 之间的波形关系

5.3.4 数值仿真

本小节将通过数值仿真结果证明提出的混沌相位调制技术的有效性。假设传输信号的载频 $f_c = 17.0$ GHz。对于递增相位调制时序 $U_n(t)$,假设其中的递增相位调制部分的调制频率 $f_p = 25.0$ kHz,假设信息调制部分 QPSK 符号持续时间 $T_s = 4.0$ μs。在此基础上,递增相位调制 $V_n(t)$ 和信息调制时序 $I(t)$ 可根据 5.3.3 节提出的设计方法获得。将设计的信息调制时序 $I(t)$ 和递增相位调制时序 $V_n(t)$ 带入式(5-18),最终得到混沌相位调制时序 $U_n(t)$。不同传输方向最优的递增相位调制时序 $V_n(t)$ 如图 5-16 所示。其中,期望传输方向 θ_d 设置为

10°和50°。基于$V_n(t)$和$U_n(t)$的辐射方向图仿真结果如图5-17所示。显然，正一次谐波辐射方向图被精确地引导到期望的传输方向上。同时，在非期望传输方向上，其他边带的方向图出现了零深，这表明射频信号只能由正一次谐波引导到期望的传输方向，而其他边带辐射不会对期望方向上的信号传输造成影响。此外，边带电平和副瓣电平与优化目标吻合良好。

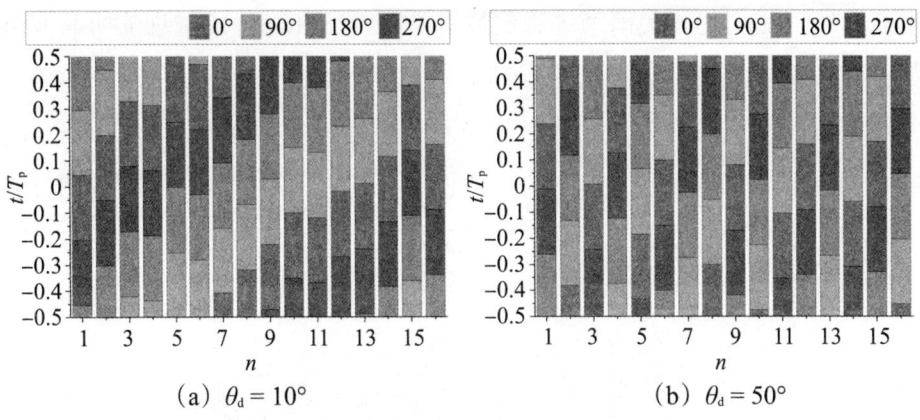

图5-16 递增相位调制时序$V_n(t)$的优化结果

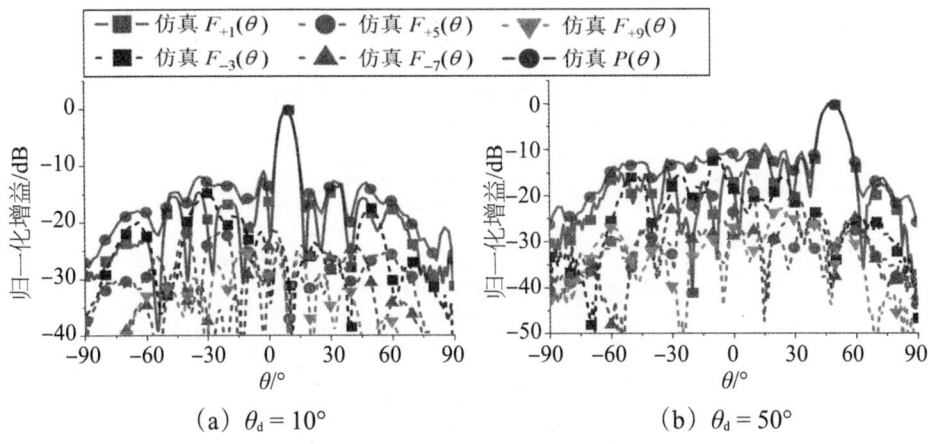

图5-17 基于$V_n(t)$和$U_n(t)$的辐射方向图仿真结果

接下来，将从时域波形的角度分析混沌相位调制性能。在仿真设置中，假设期望传输方向的信噪比为22.0 dB。不失一般性地，这里主要观测传输过程中的一段8 bit信息片段"01011110"，且假设该片段已经被混沌序

列中的第 p 个元素按照式（5-26）和式（5-27）进行加密。因此，对应的已加密的 8 bit 二进制信息片段应该为"10010011"。

图 5-18 和图 5-19 分别展示了期望方向 $\theta_d = 10°$ 和 $\theta_d = 50°$ 时发射机的输入信号波形及不同方向的接收射频信号波形。不失一般性地，这里的观测角度分别为 $\theta = 10°$、$30°$ 和 $50°$，且不同方向上的接收波形以期望方向上的幅度进行归一化。为了更清晰地观测波形，图 5-18 和图 5-19 呈现的所有波形都通过一个本振频率 $f_c+f_p-f_1$ 的混频器进行了下变频，其中，$f_1 = 2.5$ MHz。由图 5-18 和图 5-19 可知，发射机的输入波形是一个不包含任何数字信息的单载频连续波信号。受到提出的混沌相位调制时序的控制，不同观测方向上呈现出了不同的波形。此外，在期望方向上，观察到正确的加密信息段"10010011"。而在非期望方向上，由于方向调制特性，接收机接收到的加

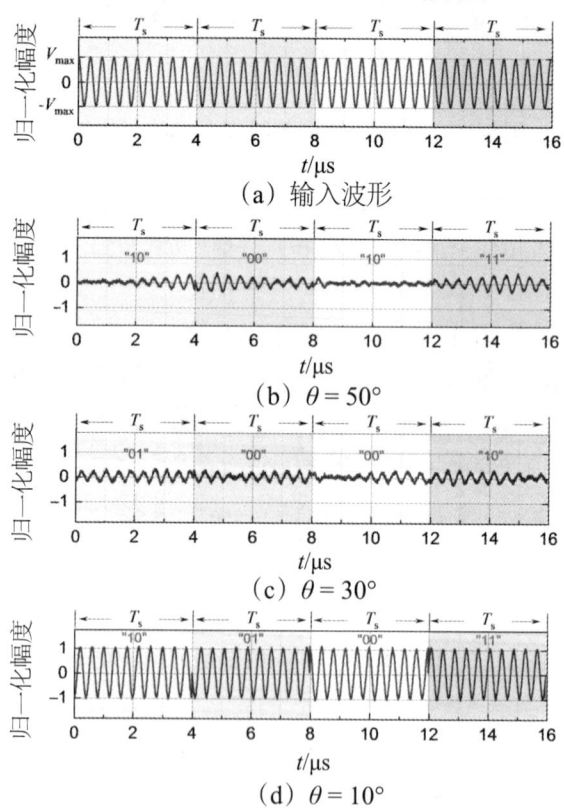

图 5-18 当 $\theta_d=10°$ 时不同方向的仿真波形图

密信息段总是错误的。此外，期望方向上的信号幅度总是最大，非期望方向上的信号幅度被显著抑制。在此情况下，合法接收机可通过式（5-27）描述的异或操作对信息进行解密。对于非期望方向上的窃听者来说，即便是他们已经获得了正确的混沌序列，阵列天线的方向调制和波束扫描特性总能有效地防止敏感信息泄露。当窃听接收机与合法接收机处于同一方向时，只要窃听方没有获得正确的混沌序列，他们就无法获得正确的传输信息。由图 5-13（f）可知，Logistic 混沌映射对初始条件极其敏感，只要初始条件 a 和 x_1 有极小的偏差，就会得到完全不同的混沌序列。因此，窃听方获得正确的混沌序列的概率是极低的。

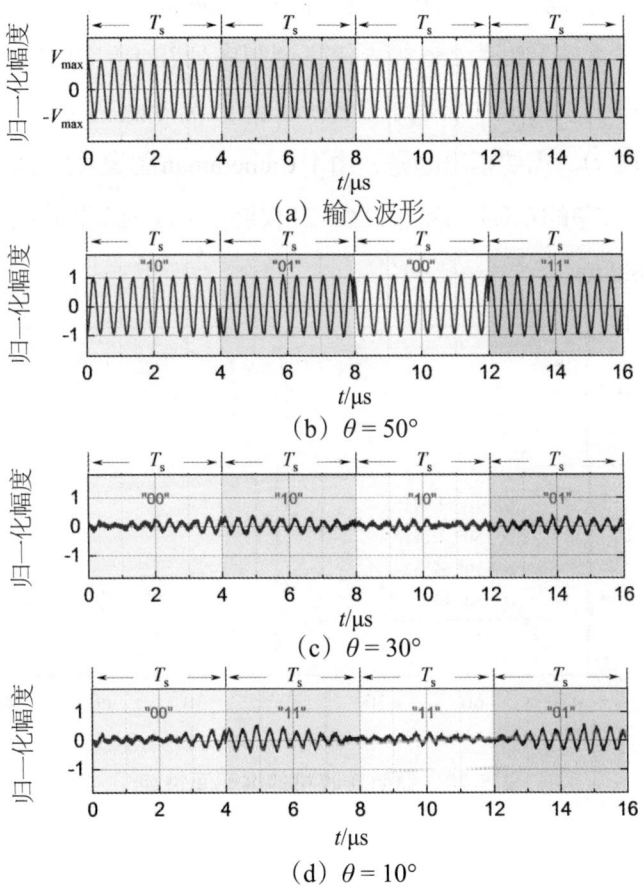

图 5-19　当 $\theta_d = 50°$ 时不同方向的仿真波形图

图 5-20 展示了窃听接收机的误码率（bit error rate，BER）性能。当窃听接收机完全知道混沌序列的初始条件 a 和 x_1 时，误码率曲线在图 5-20 标注为"破译"。当窃听接收机所知道的初始条件 x_1' 与正确值 x_1 之间仅存在 10^{-14} 偏差时，即 $|x_1 - x_1'| = 10^{-14}$，误码率曲线在图 5-20 标注为"未破译"。由图 5-20 可知，初始条件的一个微小偏差就会导致窃听接收机无法获得正确的传输信息。因此，由混沌相位调制时序带来的波束扫描、方向调制和混沌加密有利于保密性能的提升。

进一步地，作者基于提出的保密通信技术传输了经典的摄影师（Cameraman）图像，并对不同传输方向上的图像传输质量进行了量化评估，其中，期望传输方向 θ_d 设置为 $50°$。所传输的 Cameraman 图像具有 300×300 个像素，每个像素的灰度为 256 级。信息调制序列 $I(t)$ 所需的比特流由 Cameraman 图像得到。图 5-21 展示了 Cameraman 图像传输过程中的一段混沌相位调制时序 $U_n(t)$。需要指出的是，由于 Cameraman 图像对应的比特流较长，这里很难展示完整的 $U_n(t)$。因此，图 5-21 仅展示了观测周期 T_{ob} 内的 $U_n(t)$，其中，$T_{ob} = 128.0\ \mu s$。

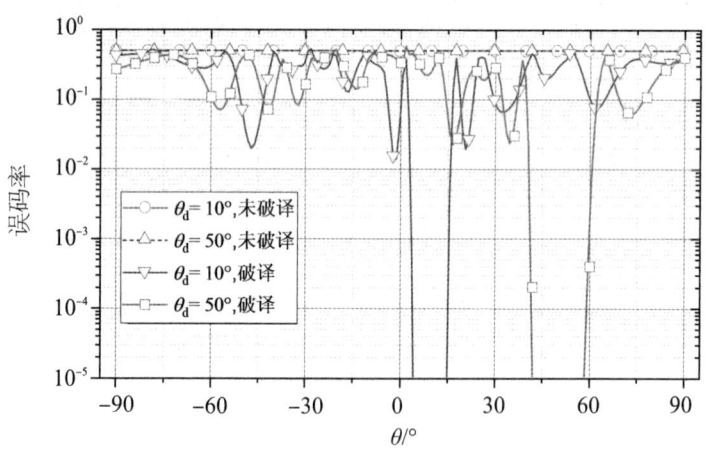

图 5-20　窃听接收机的误码率性能

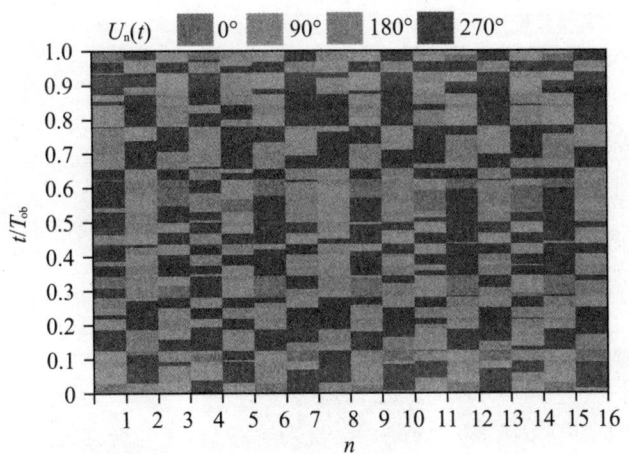

图5-21 Cameraman图像传输过程中的一段混沌相位调制时序片段

作为对比,图5-22展示了基于文献[129]的空时调制阵列的保密通信效果。在文献[129]中,方向调制性能由基于SPST开关的周期"0/1"调制实现,波束扫描性能由额外的移相器电路实现。由图5-22可知,精心设计的周期"0/1"调制时序和静态相位加权使得Cameraman图像无法高质量地传输至非期望方向。从窃听接收机的接收效果来看,Cameraman图像丢失了绝大部分细节。然而,对于传输高度敏感信息的实际应用来说,文献[129]的保密通信技术是远远不够的。在具备先验知识的条件下,窃听者仍有可能从部分失真的信息中识别出一些关键特征。可见,文献[129]的保密通信效果有待进一步提高。

图5-23展示了基于混沌相位调制的Cameraman图像传输效果。由于初始条件敏感特性,只要式(5-14)的初始条件存在极小偏差,就会得到完全不同的混沌序列,从而得到不同的解调信息。在图5-23中,假设窃听者所知道的初始条件x_1'只与正确的初始条件x_1存在10^{-14}的偏差,即$|x_1 - x_1'| = 10^{-14}$。同时,假设在期望的$\theta_d = 50°$方向上,合法接收机完全知道用于保密传输的混沌序列的初始条件x_1。由图5-23可知,只有具备正确混沌序列的合法接收方能够成功解调图像。至于非期望方向上的窃听者,他们无法获得传输图像的任何特征。

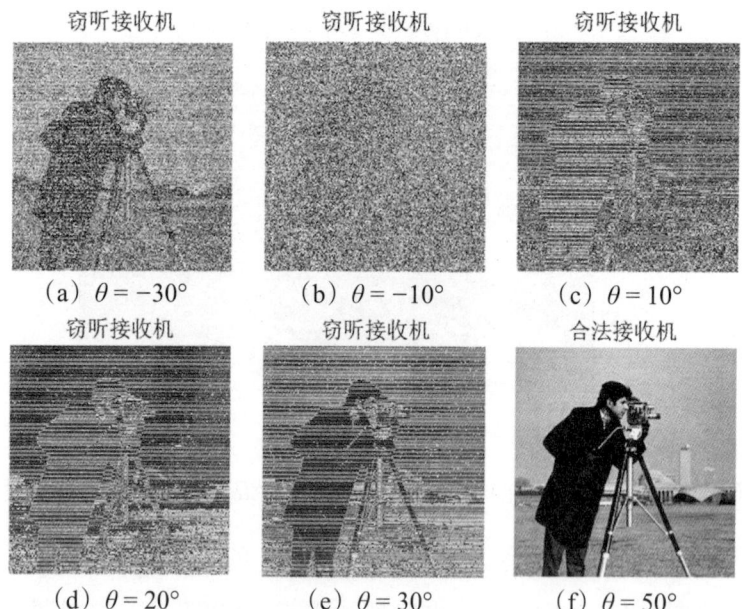

图 5-22　基于文献 [129] 的无线保密通信技术的 Cameraman 图像传输效果

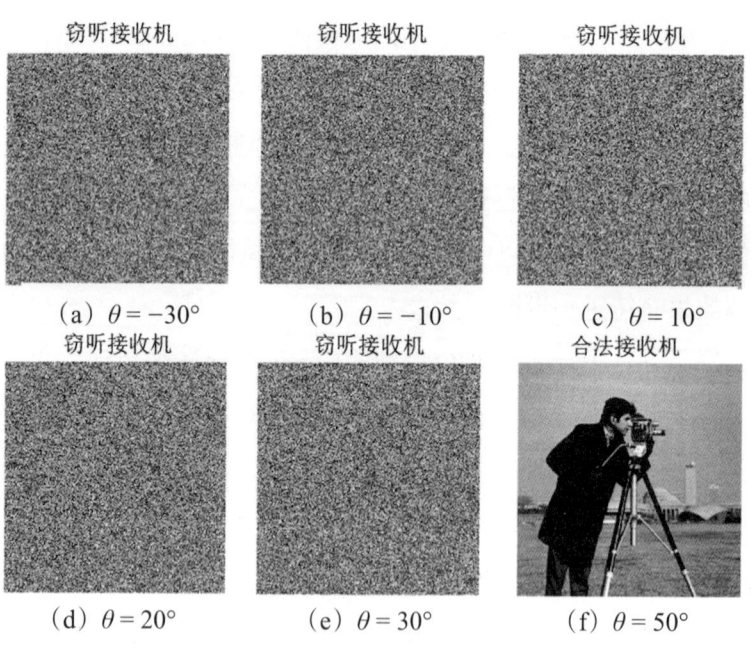

图 5-23　基于混沌相位调制的 Cameraman 图像传输效果

基于上述Cameraman图像的保密传输效果，作者进一步地研究了加密信息随机性与信息泄露量之间的定量关系。具体而言，信息泄露量是通过窃听接收机的接收图像与发射机的发射图像之间的互信息来评估的。对于本工作涉及的图像信息而言，互信息采用了基于灰度直方图的估计方法[176]。加密信息的随机性由加密序列y_p的信息熵来衡量。对于本工作提出的混沌相位调制，设置式（5-14）中的控制因子$a = 4.0$，以保证Logistic映射处于混沌状态。此时，加密序列y_p的信息熵$H = 7.87$ bit。对于$a < 3.569\,945\,6$的情形，由5.3.1节的理论分析可知，一维Logistic映射不会进入混沌状态，这使得加密序列y_p的信息熵小。例如，当$a = 3.5$、3.55和3.569时，加密序列y_p的信息熵分别为2 bit、3 bit和4.29 bit。发射机与窃听接收机之间的归一化互信息量随传输方向θ的曲线变化如图5-24所示。加密序列y_p的信息熵越大，互信息越小。这意味着当加密序列y_p中包含更多的随机性时，信息泄露就会更少。作为对比，图5-24也展示了文献［129］保密通信技术的归一化互信息量。可见，基于混沌相位调制的无线保密通信使得窃听接收机与发射机之间的互信息量始终最小。因此，提出的混沌相位调制时序增加了窃听方与发射方之间的信息不确定性，从而提高了传输的安全性。

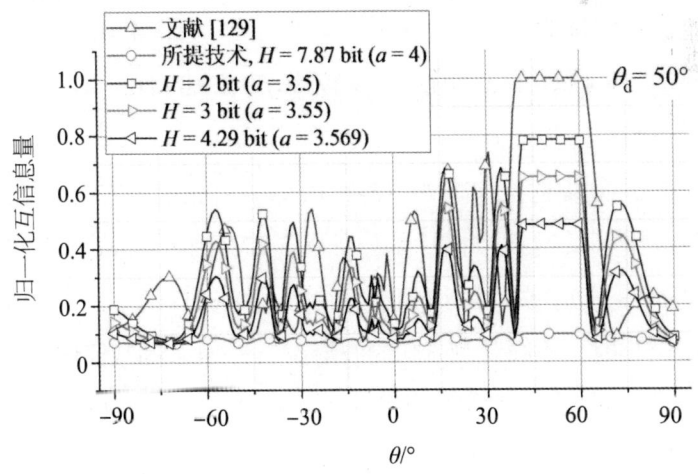

图5-24　发射机与窃听接收机之间的归一化互信息量

5.3.5 实验验证

本小节将以实验手段验证提出的混沌相位调制保密通信技术的有效性。图 5-25（a）给出了保密通信实验原理框图。实验装置由发射端、接收端和控制端三部分组成。在发射端，阵列样机放置在一个旋转平台上。阵列样机的连续波信号由安捷伦 E8257D 微波信号发生器提供。为了改善发射端的信噪比，在阵列样机和 E8257D 微波信号发生器之间放置了一个高功率放大器（HPA）。接收端采用喇叭天线接收信号。接收到的信号被低噪声放大器（LNA）放大后，再由本振（LO）下变频到中频。中频信号由泰克 DPO 70804C 示波器进行采样。控制端将传输的信息转换成比特流，生成信息调制时序 $I(t)$，并对递增相位调制时序 $V_n(t)$ 进行优化，以实现期望的传输方向、副瓣电平和边带电平。然后将 $I(t)$ 和 $V_n(t)$ 输入 FPGA 中。FPGA 根据 $I(t)$ 和 $V_n(t)$ 生成实现 $U_n(t)$ 所需要的数字逻辑信号。控制端还需要对示波器采样后的信号进行后处理。图 5-25（b）展示了微波暗室的测量场景。为了验证数值仿真结果的正确性，实验验证采用了与 5.3.4 节的数值仿真一致的参数设置，即载频 f_c = 17.0 GHz、调制频率 f_p = 25.0 kHz。

对于不同的保密传输方向，基于递增相位调制序列 $V_n(t)$ 和混沌相位调制序列 $U_n(t)$ 的实测辐射方向图如图 5-26 所示。实测结果的波束指向、副瓣电平、边带电平等关键技术指标都与如图 5-17 所示的仿真结果吻合良好。图 5-27 和图 5-28 分别展示了 8 bit 信息片段 "01011110" 在期望传输方向 θ_d = 10° 和 θ_d = 50° 时，不同观测方向的波形。与 5.3.4 节的数值仿真设置一致，假设该片段已经被混沌序列中的第 p 个元素按照式（5-26）和式（5-27）进行加密。因此，预期的已加密的 8 bit 二进制信息片段为 "10010011"。不同方向上的接收波形根据期望方向上的幅度进行归一化。所有波形都通

过一个本振频率为 $f_c+f_p-f_1$ 的混频器进行了下变频，其中，$f_1 = 2.5$ MHz。图 5-27 和图 5-28 的测量结果与图 5-18 和图 5-19 的仿真结果吻合良好，这从时域波形的角度证明了保密传输效果。

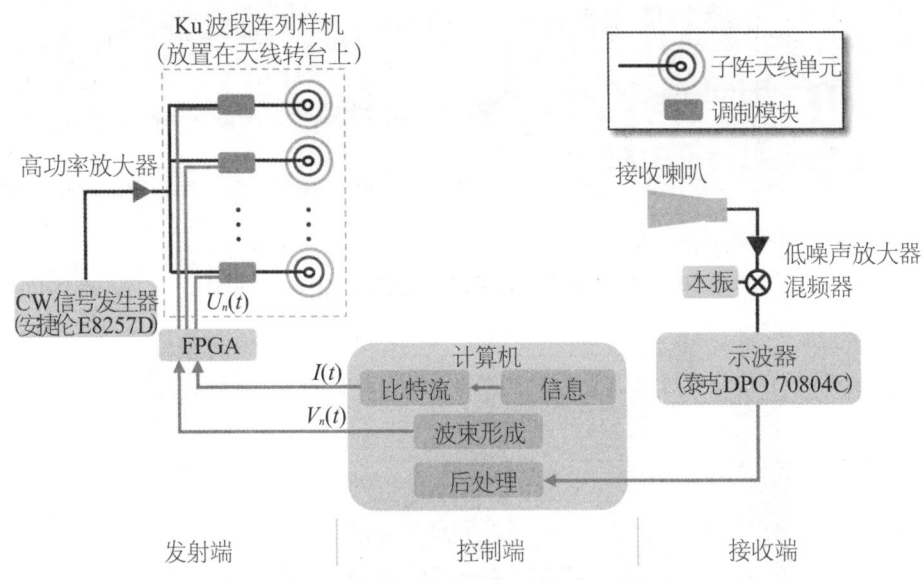

(a) 原理框图

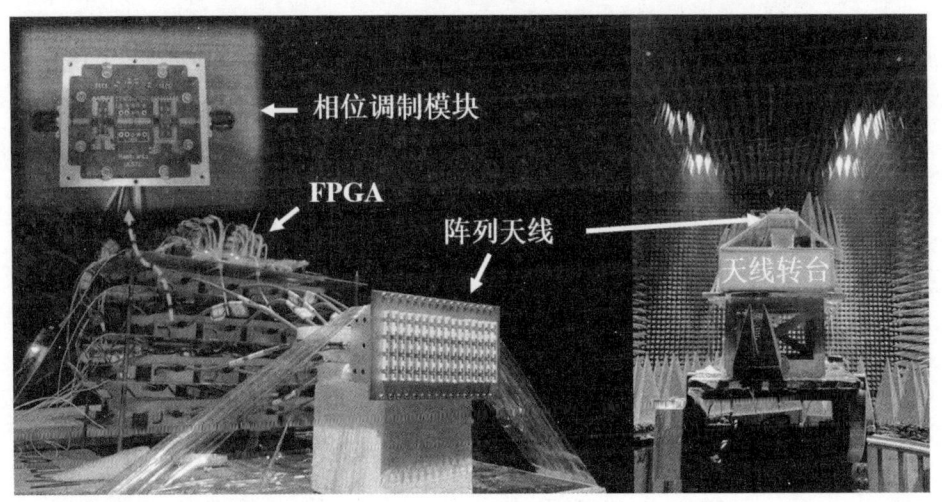

(b) 测试场景图

图 5-25 基于混沌相位调制的保密通信实验装置

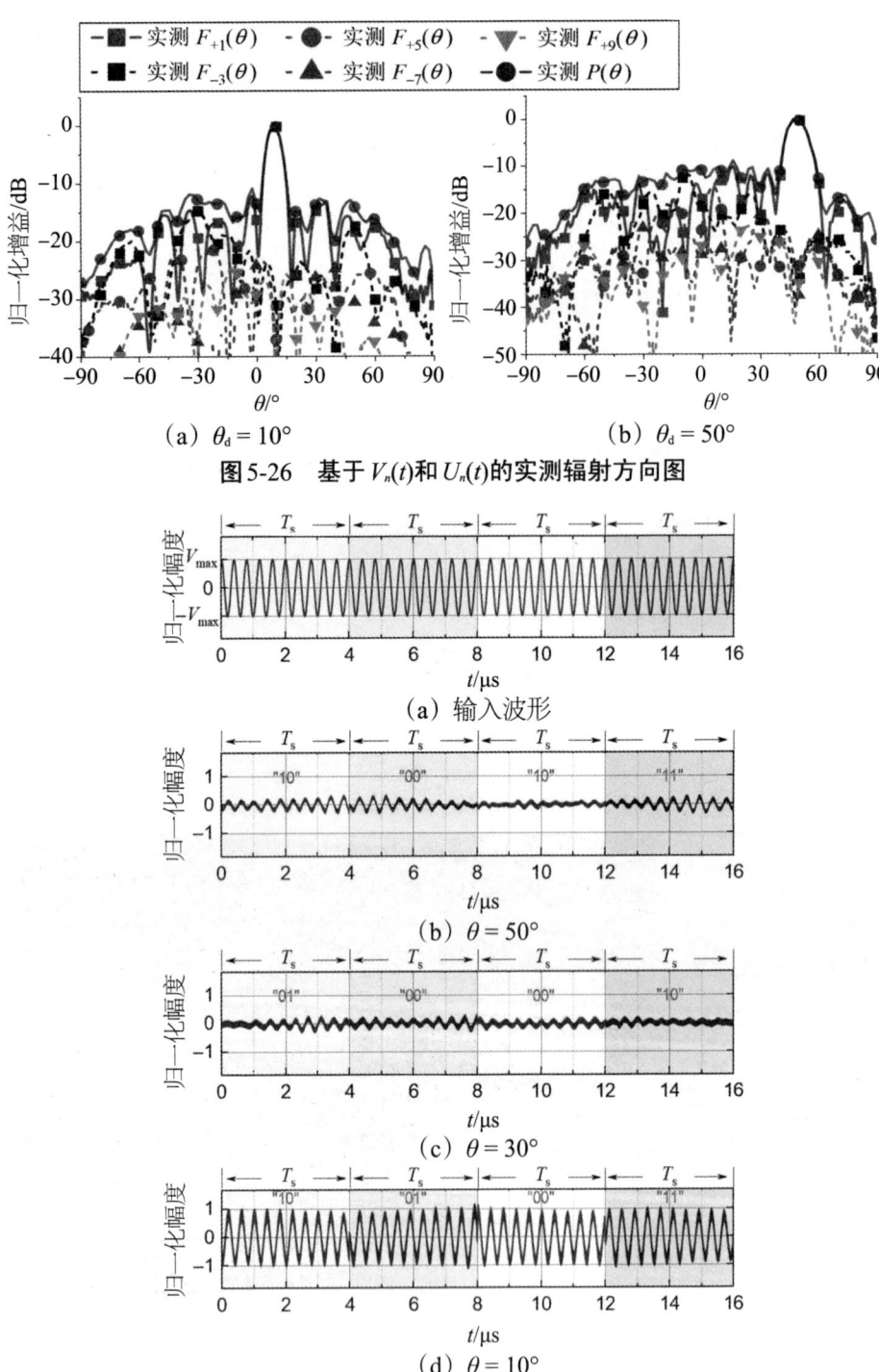

图 5-26 基于 $V_n(t)$ 和 $U_n(t)$ 的实测辐射方向图

图 5-27 当 $\theta_d = 10°$ 时不同方向的仿真波形图

接下来，在期望传输方向 $\theta_d = 50°$ 进行了信号解调和信息解密实验。图 5-29（a）和图 5-29（b）分别展示了基于仿真和实测波形得到的 QPSK 符号。其中，观测周期内总共有 32 个 QPSK 符号。图 5-29（c）展示了 QPSK 符号被正确的混沌序列解密后的信息序列。图 5-29（d）展示了 QPSK 符号被错误的混沌序列解密后的信息序列。其中，错误的混沌序列与正确的混沌序列仅在初始条件 x_1 存在 10^{-14} 的偏差。可以看出，只要混沌序列的初始条件稍有偏差，就会导致解密失败。混沌序列的初始条件敏感特性给窃听者的解密带来了很大的困难，这与理论推导、数值仿真的效果一致。因此，在期望的 50° 传输方向上，QPSK 解调符号、解密比特流等结果进一步证明了所提出的保密通信技术的有效性。

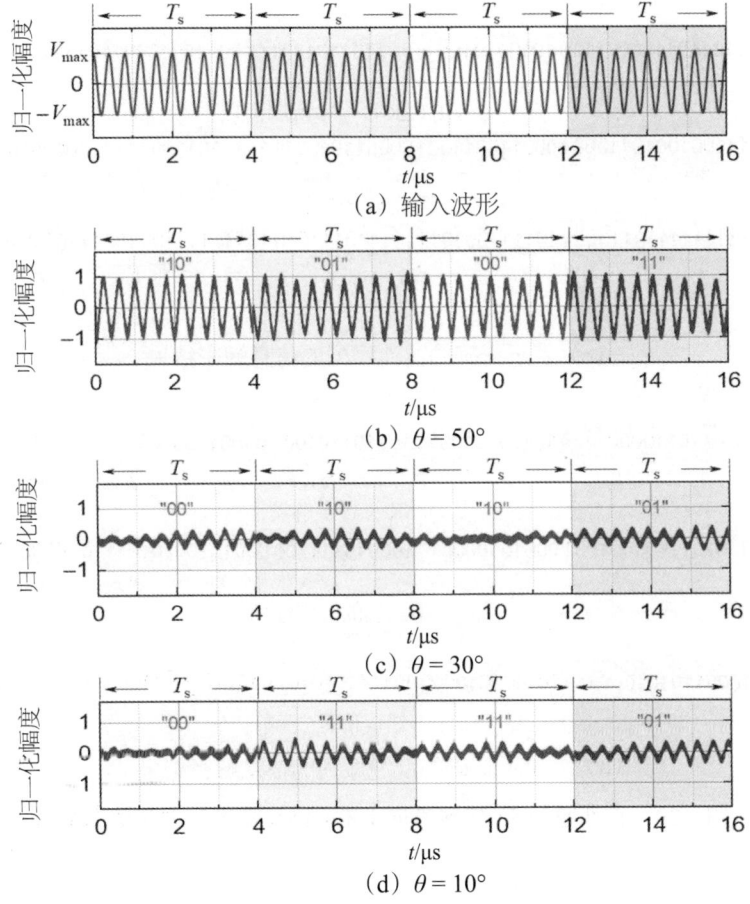

图 5-28 当 $\theta_d = 50°$ 时不同方向的仿真波形图

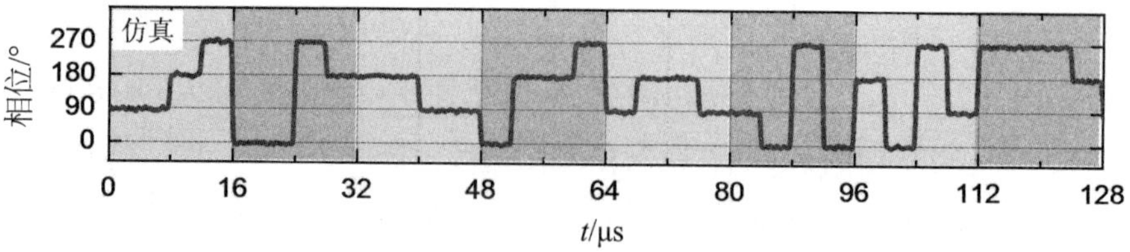

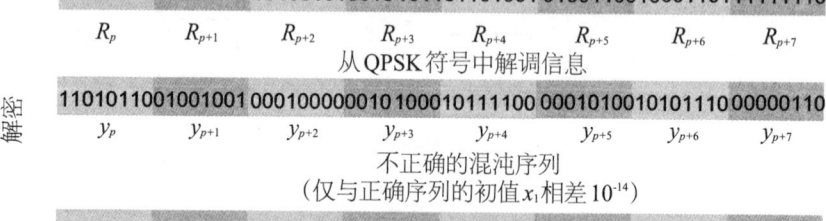

(a) QPSK解调的仿真结果

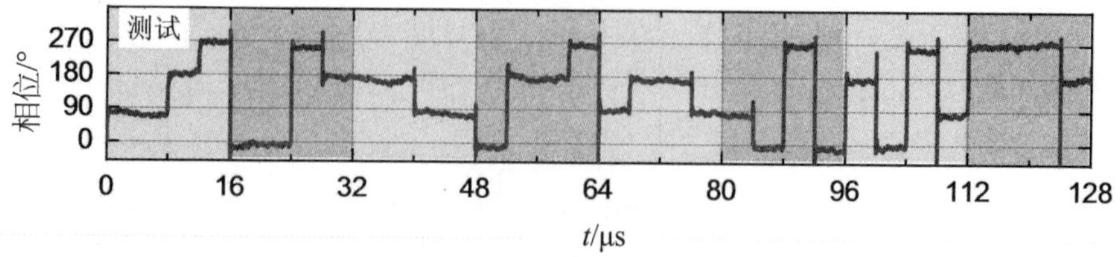

(b) QPSK解调的测试结果

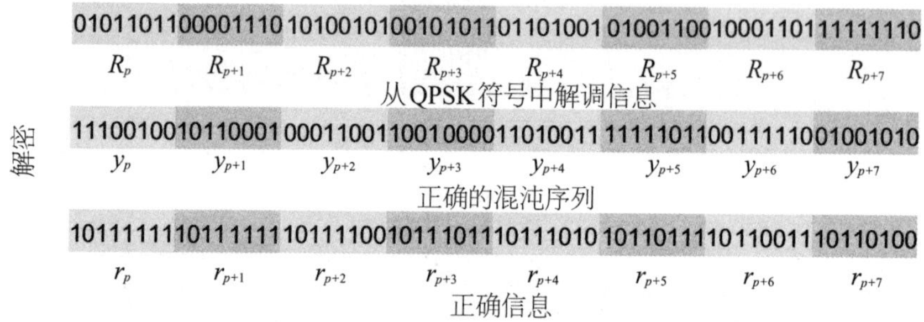

(c) 基于正确的混沌序列的信息解密结果

(d) 基于不正确的混沌序列的信息解密结果

图 5-29 在期望的 50° 传输方向上的 QPSK 信号解调与信息解密

5.4 本章小结

面对日益严峻的信息安全问题,本章提出了两种无线保密通信新技术,解决了现有空时调制保密通信应用中广泛存在的安全性不足、波束扫描能力不足、效率低等瓶颈问题。本书率先完成了两种保密通信技术的实验平台搭建,并通过一系列数值仿真和实验结果验证了所提技术的有效性。本章的创新点总结如下。

(1)提出了一种基于伪随机切换型相位调制的方向调制技术,在递增相位调制的基础上引入了"伪随机切换"调制特征,兼顾了伪随机调制的抗截获优势和递增相位调制的高效率波束扫描优势,为物理层安全应用贡献了一种低成本、高性能的方向调制解决方案。

(2)提出了一种基于混沌相位调制的无线保密通信技术,利用"混沌"初始条件敏感、随机不可预测等特性,增强了发射机与窃听接收机之间的信息不确定性,显著提高了保密性能。

第六章

总结与展望

6.1 总结

围绕我国全面建设信息化和智能化社会的战略需求，各类无线电子系统对高性能阵列天线的需求愈演愈烈。如何处理应用需求与传统相控阵技术之间发展的不平衡性，成为了亟待解决的问题。空时调制阵列天线通过引入"时间"维度的自由度，能够实现电磁辐射在空域、时域和频域的一体化动态调控，在提升阵列天线波束调控能力和系统应用性能等方面具有广阔的应用前景。然而，现有的空时调制阵列天线在波束扫描、边带抑制、应用集成等方面还面临诸多发展瓶颈，极大地阻碍了其在新一代雷达、通信、对抗等电子系统功能中的应用。针对以上发展瓶颈，本书开展了高精度幅相一体化调控、高效率相位调制、空时伪随机调制以及无线保密通信应用四个部分的研究工作。本书的主要研究总结如下。

本书第二章开展了高精度幅相一体化调控技术研究，解决了基于周期调制的幅相一体化调控存在的边带辐射抑制和器件级非理想特性建模两大核心问题。首先，提出了多支路幅相一体化调控技术，使得非期望谐波信号在射频通道内被显著抑制，实现了高精度、低边带的幅相一体化控制。其次，建立了一个考虑调制器件幅度不平衡、静态相位误差、开关切换时间的非理想幅相一体化调控模型，厘清了实际调制器件中各类非理想因素对幅相调控性能的影响规律，提高了实际器件的幅相一体化调控精度。通过X波段的数值仿真和实验，验证了所提理论和方法的幅相一体化调控优势。

本书第三章开展了高效率相位调制技术及其阵列应用研究。首先，提出了递增相位调制技术，解决了传统周期"0/1"幅度调制中"0"状态的功率吸收问题和现有单边带调制I/Q架构的功率损失问题，从而显著提升了波束扫描应用的调制效率。在此基础上，研制了Ku波段相位调制模块及阵列原理样机，从调制功率谱和辐射方向图两个层面说明了所提技术的高效率优势。最后，建立了一个非理想递增相位调制阵列模型，为实际非理想阵列波束扫描性能的精确仿真提供了可靠的技术手段，进而为工程应用中各类组件的指标分配提供重要的理论依据。

本书第四章开展了基于空时伪随机调制的阵列天线辐射调控技术研究。传统周期调制技术中边带辐射抑制性能的提升总是以优化算法的计算量和调制模块的复杂度为代价。为此，本书建立了空时伪随机调制模型，通过在频域构造连续的边带功率分布，实现了边带辐射的实时、高效抑制。在此基础上，提出了基于孔径插值的伪随机幅度调制技术。与大多数研究遵循的"相控扫描"思想不同，该技术采用了基于孔径插值的"幅控扫描"思想，通过伪随机"0/1"幅度调制时序的合理设计，实现了高精度波束扫描和实时边带抑制。进一步地，针对伪随机"0/1"幅度调制面临的相位调控缺陷，将"0/1"幅度调制和"0°/90°/180°/270°"相位调制联合，提出了伪随机相位-幅度联合调制技术，实现了天线单元幅度和相位的高精度、低边带协同控制。X波段和Ku波段的波束形成仿真和实验充分体现了上述空时伪随机调制技术在抑制边带辐射和降低硬件复杂度等方面的优越性。本部分研究实现了实时、低边带波束调控，可为雷达系统高精度目标识别、实时目标跟踪等提供有效技术途径。

本书第五章是在前几章波束调控研究成果的基础上，进一步地将空时调制理论向无线通信应用推进，提出了两种无线保密通信新技术。首先，提出了一种基于伪随机切换型相位调制的方向调制技术。该技术以"相位"为调制对象，克服了传统周期"0/1"调制在保密通信应用中的效率缺陷；以"伪随机切换"为调制特征，实现了非期望传输方向上信号的随机失真，从而显著提升了物理层安全。其次，提出了一种基于混沌相位调制的无线保密通信技术，利用"混沌"与生俱来的初始条件敏感、随机不可预测等特性实现了保密性能的显著提升。最后，搭建了两种无线保密通信系统，验证了所提技术的有效性。以上理论、方法、实验、应用研究为解决日益严峻的信息安全问题提供了关键的技术支撑。本部分研究为新一代5G/6G通信的信息安全防护提供有效技术储备。

6.2 展望

当前，新一轮科技革命和产业变革突飞猛进，科学研究范式正在发生深刻变革，微波天线理论、信号处理理论、优化理论加速渗透融合，电磁辐射多维度实时动态调控的需求日渐凸显。本书紧扣电磁辐射调控的关键部件——天线，对空时调制阵列天线的理论原理、分析方法、器件实现、阵列集成和系统应用进行了深入研究。如何挖掘空时调制在电磁辐射调控方面的潜在优势，以应对传统相控阵在波束调控精度、成本、多域交叉融合等方面的挑战，既是本书的研究重点，也是后续研究工作的侧重点。尽管本书取得了一些创新性研究成果，但由于作者水平有限且研究时间短暂，针对空时调制阵列的研究仍然需要进一步的探索和完善。综合国内外的研究动态以及本书的研究工作，笔者以为可在以下几个方面开展进一步的研究。

(1) 开展基于空时调制理论的宽带波束形成方法研究。随着无线电子系统的发展，宽带信号对于提升雷达和通信的系统性能发挥着越来越重要的作用。由于电磁波的色散效应，固定的馈电幅相激励对不同频率的空间响应是不同的。当阵列天线的辐射信号为宽带信号时，信号带宽内的色散效应不可忽略，导致波束倾斜（beam squint）问题，进而影响无线通信系统性能。然而，国际上关于空时调制阵列天线的研究大多是基于窄带模型展开的，忽略了信号带宽内潜在的色散问题，缺乏宽带波束形成理论与方法研究。通常，宽带信号可以表示为若干个窄带信号的线性叠加[177]。未来的研究可以遵循上述基本思路，以本书的理论模型为基础，逐步建立宽带波束形成理论模型。

(2) 深入开展基于空时调制理论的雷达和通信应用研究。目前，大多数基于空时调制理论的雷达技术研究还是侧重于整体架构，对于一些具体的雷达指标研究不足。大部分通信应用研究主要侧重于提升无线通信的安全性，而对系统级指标的提升研究较少。下一步可以建立基于空时调制阵列的大规模毫米波MIMO系统模型，探索引入"时间"自由度之后提升信道容量的可能性。

(3) 开展天线与调制器件的一体化设计方法研究。国际上关于空时调制阵列天线的研究普遍遵循"先设计天线，再级联调制器件"的基本思想，这种分立式架构极有可能因前后级的阻抗不匹配而产生损耗，且面临空间布局问题。为了顺应无线电子系统瓦片式、小型化的发展趋势，有必要将天线孔径与空时调制器件深度融合，通过天线孔径的实时可重构性能，实现电磁辐射的灵活设计。

(4) 开展复杂载体平台的空时调制阵列天线应用研究。尽管空时调制阵列天线在提高波束调控精度等方面具有显著优势，但目前天线设计没有考虑与机载、舰载等复杂载体平台的集成问题。复杂载体平台构成了与自由空间、地平面等理想环境完全不同的电磁环境，设计性能良好的空时调制阵列在载体集成时极易性能恶化，难以达到预期的辐射调控效果。因此，深入研究阵列天线与载体平台在时频域的相互耦合机理，逐步建立复杂载体平台空时调制阵列一体化设计方法，既是值得研究的方向，也是推进空时调制阵列工程化应用的必要进程。

参考文献

[1] 钟顺时. 天线理论与技术[M]. 北京：电子工业出版社，2011：1-6.

[2] VISSER H C. Array and phased array antenna basics[M]. New Jersey：John Wiley & Sons，2005：201-219.

[3] VOLAKIS J L. Antenna engineering handbook[M]. New York：The McGraw-Hill Companies，2007：56-79.

[4] 王建，郑一农，何子远. 阵列天线理论与工程应用[M]. 北京：电子工业出版社，2015：62-139.

[5] HANSEN R C. Phased array antennas[M]. New Jersey：John Wiley & Sons，1998：49-103.

[6] 丁鹭飞，耿富禄，陈建春. 雷达原理[M]. 第五版. 北京：电子工业出版社，2014：252-253.

[7] BRIGGS D L，EVERETT R R. Future DoD airborne high-frequency radar needs/resources[R]. Washington DC：Office of the Under Secretary of Defense For Acquisition and Technology，2001.

[8] HERD J S，CONWAY M D. The evolution to modern phased array architectures[J]. Proceedings of the IEEE，2016，104(3)：519-529.

[9] MAILLOUX R J. Phased array antenna handbook[M]. 2nd ed. Norwood：Artech House，2005：353-378.

[10] MAILLOUX R J. Array grating lobes due to periodic phase，amplitude，and time delay quantization[J]. IEEE Transactions on Antennas Propagation，1984，32(12)：1364-1368.

[11] SMITH M S，GUO Y C. A comparison of methods for randomizing phase quantiza-

tion errors in phased arrays[J]. IEEE Transactions on Antennas Propagation, 1983, 31(6): 821-828.

［12］王韦皓. K波段八波束有源相控阵接收组件设计[D]. 南京: 南京理工大学, 2021: 16-17.

［13］张皓. 多通道T/R组件关键技术研究[D]. 成都: 电子科技大学, 2020: 19-33.

［14］俞浩辰. K/Ka波段有源相控阵收发及波束控制电路研究[D]. 成都: 电子科技大学, 2022: 16-37.

［15］杨雨林. X波段瓦片式相控阵T/R组件微系统的关键技术研究[D]. 成都: 电子科技大学, 2018: 18-19.

［16］KIM J, PARK J, KIM J G. 28 GHz common-leg T/R IC in 65 nm CMOS technology[J]. Electronics Letters, 2018, 54(10): 616-618.

［17］TALISA S H, O'HAVER K W, COMBERIATE T M, et al. Benefits of digital phased array radars[J]. Proceedings of the IEEE, 2016, 104(3): 530-543.

［18］DONG Y, SCHREIER R, YANG W, et al. 29.2 A 235mW CT 0-3 MASH ADC achieving 167dBFS/Hz NSD with 53MHz BW[C]. 2014 IEEE International Solid-State Circuits Conference Digest of Technical Papers (ISSCC), San Francisco, 2014: 480-481.

［19］LEE S, CHANDRAKASAN A P, LEE H. A 1 GS/s 10b 18.9 mW time-interleaved SAR ADC with background timing skew calibration[J]. IEEE Journal of Solid-State Circuits, 2014, 49(12): 2846-2856.

［20］ROCCA P, OLIVERI G, MAILLOUX R J, et al. Unconventional phased array architectures and design methodologies—A review[J]. Proceedings of the IEEE, 2016, 104(3): 544-560.

［21］ROCCA P, ALU A, CALOZ C, et al. Guest editorial: special cluster on space-time modulated antennas and materials[J]. IEEE Antennas and Wireless Propagation Letters, 2020, 19(11): 1838-1841.

［22］WANG W Q, SO H C, Farina A. An overview on time/frequency modulated array processing[J]. IEEE Journal of Selected Topics on Signal Processing, 2017, 11

(2): 228-246.

[23] ROCCA P, YANG F, POLI L, et al. Time-modulated array antennas–theory, techniques, and applications[J]. Journal of Electromagnetic Waves and Applications, 2019, 33(12): 1503-1531.

[24] VARMA D S, RAM G, ARUN Kumar G. Time-modulated arrays: a review[J]. IETE Technical Review, 2022: 1-16.

[25] 杨贵儒,张世昌,金建铭,等. 高等电磁理论[M]. 北京:高等教育出版社,2008: 2-4.

[26] SHANKS H E, BICKMORE R W. Four-dimensional electromagnetic radiators[J]. Canadian Journal of Physics, 1959, 37(3): 263-275.

[27] SHANKS H E. A new technique for electronic scanning[J]. IEEE Transactions on Antennas Propagation, 1961, 9(2): 162-166.

[28] KUMMER W H, VILLENEUVE A T, FONG T S, et al. Ultra-low sidelobes from time-modulated arrays[J]. IEEE Transactions on Antennas Propagation, 1963, 11(6): 633-639.

[29] BICKMORE R W, HANSEN R C. Time versus space in antenna theory[J]. Microwave Scanning Antennas, 1966, 3: 15.

[30] YANG S, GAN Y B, QING A. Sideband suppression in time-modulated linear arrays by the differential evolution algorithm[J]. IEEE Antennas and Wireless Propagation Letters, 2002, 1: 173-175.

[31] YANG S W, GAN Y B, TAN P K. Evaluation of directivity and gain for time-modulated linear antenna arrays[J]. Microwave and Optical Technology Letters, 2004, 42(2): 167-171.

[32] YANG S W, GAN Y B, QING A Y. Moving phase center antenna arrays with optimized static excitations[J]. Microwave and Optical Technology Letters, 2003, 38(1): 83-85.

[33] YANG S W, GAN Y B, TAN P K. Linear antenna arrays with bidirectional phase center motion[J]. IEEE Transactions on Antennas and Propagation, 2005, 53(1):

1829-1835.

[34] YANG S W, GAN Y B, TAN P K. Comparative study of low sidelobe time modulated linear arrays with different time schemes[J]. Journal of Electromagnetic Waves and Applications, 2004, 18(11): 1443-1458.

[35] ZHU X W, YANG S, NIE Z. Full-wave Simulation of time modulated linear antenna arrays in frequency domain[J]. IEEE Transactions on Antennas and Propagation, 2008, 56(5): 1479-1482.

[36] 朱小文. 时间调制天线阵列理论与应用研究[D]. 成都: 电子科技大学, 2007: 25-34.

[37] YANG S W, CHEN Y K, NIE Z P. Simulation of time modulated linear antenna arrays using the FDTD Method[J]. Progress in Electromagnetics Research, 2009, 98: 175-190.

[38] ZHU Q J, YANG S W, YAO R L, et al. Unified time and frequency-domain study on time-modulated arrays[J]. IEEE Transactions on Antennas and Propagation, 2013, 61(6): 3069-3076.

[39] YANG F, YANG S W, LONG W J, et al. Complete and unified time and frequency-domain study on 4-D antenna arrays including mutual coupling effect[J]. IEEE Transactions on Antennas and Propagation, 2020, 68(2): 824-837.

[40] YANG S W, NIE Z P. Mutual coupling compensation in time modulated linear antenna arrays[J]. IEEE Transactions on Antennas and Propagation, 2005, 53(12): 4182-4185.

[41] GUO J X, YANG S W, QU S W, et al. A study on linear frequency modulation signal transmission by 4-D antenna arrays[J]. IEEE Transactions on Antennas and Propagation, 2015, 62(12): 5409-5416.

[42] ZHU Q J, YANG S W, ZHENG L, et al. Design of a low sidelobe time modulated linear array with uniform amplitude and sub-sectional optimized time steps[J]. IEEE Transactions on Antennas and Propagation, 2012, 60(9): 4436-4439.

[43] YAO A M, WU W, FANG D G. Efficient and effective full-wave analysis of the in-

stantaneous and average behaviors of time-modulated arrays[J]. IEEE Transactions on Antennas and Propagation,2015,63(7): 2902-2913.

[44] CHEN J F,LIANG X L,HE C,et al. Efficiency improvement of time modulated array with reconfigurable power divider/combiner[J]. IEEE Transactions on Antennas and Propagation,2017,65(8): 4027-4037.

[45] CHEN J F,LIANG X L,HE C,et al. Instantaneous gain optimization in time modulated array using reconfigurable power divide/combiner[J]. IEEE Antennas and Wireless Propagation Letters,2018,17(4): 530-533.

[46] POLI L,ROCCA P,MANICA L,et al. Pattern synthesis in time-modulated linear arrays through pulse shifting[J]. IET Microwaves, Antennas & Propagation,2010, 4(9): 1157-1164.

[47] BEKELE E T,POLI L,ROCCA P,et al. Pulse-shaping strategy for time modulated arrays—analysis and design[J]. IEEE Transactions on Antennas and Propagation, 2013,61(7): 3525-3537.

[48] BREGAINS J C,FONDEVILA J,FRANCESCHETTI G,et al. Signal radiation and power losses of time-modulated arrays[J]. IEEE Transactions on Antennas and Propagation,2008,56(6): 1799-1804.

[49] AKSOY E,AFACAN E. Calculation of sideband power radiation in time-modulated arrays with asymmetrically positioned pulses[J]. IEEE Antennas and Wireless Propagation Letters,2012,11: 133-136.

[50] AKSOY E. Calculation of sideband radiations in time-modulated volumetric arrays and generalization of the power equation[J]. IEEE Transactions on Antennas and Propagation,2014,62(9): 4856-4860.

[51]AKSOY E,AFACAN E. An inequality for the calculation of relative maximum sideband level in time-modulated linear and planar arrays[J]. IEEE Transactions on Antennas and Propagation,2014,62(6): 3392-3397.

[52]YANG S W,GAN Y B,TAN P K. A new technique for power-pattern synthesis in time-modulated linear arrays[J]. IEEE Antennas and Wireless Propagation Letters,

2003,2: 285-287.

[53] CHEN Y K, YANG S W, NIE Z P. Synthesis of optimal sum and difference patterns from time-modulated hexagonal planar arrays[J]. International Journal of Infrared and Millimeter Waves,2008,29: 933-945.

[54] CHEN Y K, YANG S W, NIE Z P. Synthesis of satellite footprint patterns from time-modulated planar arrays with very low dynamic range ratios[J]. International Journal of Numerical Modelling: Electronic Network, Devices and Fields, 2008, 21: 493-506.

[55] CHEN Y K, YANG S W, LI G, et al. Adaptive nulling with time-modulated antenna arrays using a hybrid differential evolution strategy[J]. Electromagnetics, 2010, 30: 574-588.

[56] NI D, YANG S W, NIE Z P. Efficient synthesis of irregularly shaped radiation patterns based on four-dimensional planar arrays and post-processing[J]. Electromagnetics, 2015, 35(7): 429-442.

[57] GUO J X, YANG S W, CHEN Y K. Efficient sideband suppression in 4-D antenna arrays through multiple time modulation frequencies[J]. IEEE Transactions on Antennas and Propagation, 2017, 65(12): 7063-7072.

[58] YANG F, YANG S W, CHEN Y K, et al. Efficient pencil beam synthesis in 4-D antenna arrays using an iterative convex optimization algorithm[J]. IEEE Transactions on Antennas and Propagation, 2019, 67(11): 6847-6858.

[59] YANG F, YANG S W, CHEN Y K, et al. Convex optimization of pencil beams through large-scale 4-D antenna arrays[J]. IEEE Transactions on Antennas and Propagation, 2018, 66(7): 3453-3462.

[60] YANG F, YANG S W, LONG W J, et al. Synthesis of low-sidelobe 4-D heterogeneous antenna arrays including mutual coupling using iterative convex optimization[J]. IEEE Transactions on Antennas and Propagation, 2020, 68(1): 329-340.

[61] MA Y K, YANG S W, CHEN Y K, et al. Pattern synthesis of 4-D irregular antenna arrays based on maximum entropy model[J]. IEEE Transactions on Antennas and

Propagation, 2019, 67(5): 3048-3057.

[62] YANG J, LI W T, SHI X W, et al. A hybrid ABC-DE algorithm and its application for time-modulated arrays pattern synthesis[J]. IEEE Transactions on Antennas and Propagation, 2013, 61(11): 5485-5495.

[63] POLI L, ROCCA P, MANICA L, et al. Handling sideband radiations in time-modulated arrays through particle swarm optimization[J]. IEEE Transactions on Antennas and Propagation, 2010, 58(4): 1408-1411.

[64] ROCCA P, POLI L, OLIVERI G, et al. Synthesis of sub-arrayed time modulated linear arrays through a multi-stage approach[J]. IEEE Transactions on Antennas and Propagation, 2011, 59(9): 3246-3254.

[65] ROCCA P, MANICA L, POLI L, et al. Synthesis of compromise sum-difference arrays through time-modulation[J]. IET Radar, Sonar, and Navigation, 2009, 3(12): 630-637.

[66] POLI L, ROCCA P, OLIVERI G, et al. Harmonic beamforming in time-modulated linear arrays[J]. IEEE Transactions on Antennas and Propagation, 2011, 59(7): 2538-2545.

[67] POLI L, ROCCA P, OLIVERI G, et al. Adaptive nulling in time-modulated linear arrays with minimum power losses[J]. IET Microwave, Antennas & Propagation, 2011, 5(2): 157-166.

[68] ROCCA P, POLI L, OLIVERI G, et al. Adaptive nulling in time-varying scenarios through time-modulated linear arrays[J]. IEEE Antennas and Wireless Propagation Letters, 2012, 11: 101-104.

[69] POLI L, ROCCA P, OLIVERI G, et al. Failure correction in time-modulated linear arrays[J]. IET Radar, Sonar and Navigation, 2014, 8(3): 195-201.

[70] ROCCA P, URSO M, POLI L. An iterative approach for the synthesis of optimized sparse time-modulated linear arrays[J]. Progress in Electromagnetics Research B, 2013, 55: 365-382.

[71] FONDEVILA J C, BREGAINS J C, ARES F, et al. Optimizing uniformly excited

linear arrays through time modulation[J]. IEEE Antennas and Wireless Propagation Letters,2004,3: 298-301.

[72] FONDEVILA J C,BREGAINS J C,ARES F,et al. Application of time modulation in the synthesis of sum and difference patterns by using linear arrays[J]. Microwave and Optical Technology Letters,2006,48(5): 829-832.

[73] EUZIÈRE J, GUINVARC' H R, UGUEN B, et al. Optimization of sparse time-modulated array by genetic algorithm for radar applications[J]. IEEE Antennas and Wireless Propagation Letters,2014,13: 161-164.

[74] AKSOY E, AFACAN E. Thinned nonuniform amplitude time-modulated linear arrays[J]. IEEE Antennas and Wireless Propagation Letters,2010,9: 514-517.

[75] GUNEY K, BASBUG S. Null synthesis of time-modulated circular antenna arrays using an improved differential evolution algorithm[J]. IEEE Antennas and Wireless Propagation Letters,2013,12: 817-820.

[76] PAL S,DAS S,BASAK A. Design of time-modulated linear arrays with a multi-objective optimization approach[J]. Progress in Electromagnetics Research B,2010, 23: 83-107.

[77] BASAK A,PAL S,DAS S,et al. A modified invasive weed optimization algorithm for time-modulated linear antenna array synthesis[C]. IEEE Congress on Evolutionary Computation,Barcelona,Spain,2010: 1-8.

[78]MANDAL S K,MAHANTI G K,GHATAK R. Differential evolution algorithm for optimizing the conflicting parameters in time-modulated linear array antennas[J]. Progress in Electromagnetics Research B,2013,51: 101-118.

[79] MANDAL S K,MAHANTI G K,GHATAK R. A single objective approach for suppressing sideband radiations of ultra-low side lobe patterns in time-modulated antenna arrays [J]. Journal of Electromagnetic Waves and Applications, 2013, 27 (14): 1767-1775.

[80] LI G, YANG S W, CHEN Y K, et al. A novel beam scanning technique in time modulated linear arrays[C]. IEEE International Symposium on Antennas and Prop-

agation Society, North Charleston, SC, USA, 2009: 1-4.

[81] LI G, YANG S W, CHEN Y K, et al. A novel beam steering technique in time modulated antenna arrays[J]. Progress in Electromagnetics and Research, 2009, 97: 391-405.

[82] FARZANEH S, SEBAK A R. A novel amplitude-phase weighting for analog microwave beamforming[J]. IEEE Transactions on Antennas and Propagation, 2006, 54(7): 1997-2008.

[83] FARZANEH S, SEBAK A R. Modified microwave sampling beamformer for fast weighting control and image rejection[J]. IEEE Transactions on Antennas and Propagation, 2008, 56(12): 3878-3883.

[84] FARZANEH S, SEBAK A R. Microwave sampling beamformer prototype verification and switch design[J]. IEEE Transactions on Microwave Theory and Techniques, 2009, 57(1): 36-44.

[85] YAO A M, WU W, FANG D G. Single-sideband time modulated phased array[J]. IEEE Transactions on Antennas and Propagation, 2015, 63(5): 1957-1968.

[86] CHEN Q Y, ZHANG J D, WU W, et al. Enhanced single-sideband time-modulated phased array with lower sideband level and loss[J]. IEEE Transactions on Antennas and Propagation, 2020, 68(1): 275-286.

[87] CHEN Q Y, ZHANG J D, WU W. Single-sideband time-modulated phased array with S-step waveform[J]. IEEE Antennas and Wireless Propagation Letters, 2020, 19(11): 1867-1871.

[88] CHEN Q Y, ZHANG J D, WU W. A single-sideband time-modulated phased array with lowest sideband level suitable for wide-bandwidth signals[J]. IEEE Transactions on Antennas and Propagation, 2022, 70(2): 1057-1067.

[89] MANEIRO-CATOIRA R, BRÉGAINS J, GARCÍA-NAYA J A. Time-modulated multibeam phased arrays with periodic Nyquist pulses[J]. IEEE Antennas and Wireless Propagation Letters, 2018, 17(12): 2508-2512.

[90] MANEIRO-CATOIRA R, BRÉGAINS J, GARCÍA-NAYA J A, et al. Time-modu-

lated phased array controlled with nonideal bipolar squared periodic sequences[J]. IEEE Antennas and Wireless Propagation Letters,2019,18(2): 407-411.

[91] MANEIRO-CATOIRA R,BREGAINS J,GARCIA-NAYA J A,et al. Analog beamforming with single-sideband sub-time-modulated arrays[C]. 2018 IEEE International symposium on Antennas and propagation & USNC/URSI National Radio Science Meeting. IEEE,2018:9-10.

[92] MANEIRO-CATOIRA R, BREGAINS J, GARCÍA-NAYA J A, et al. Time-modulated arrays controlled with sinusoidal pulsewidth modulation[J]. IEEE Antennas and Wireless Propagation Letters,2020,19(11): 1857-1861.

[93] MANEIRO-CATOIRA R, BRÉGAINS J, GARCÍA-NAYA J A, et al. Time-modulated arrays with haar wavelets[J]. IEEE Antennas and Wireless Propagation Letters,2020,19(11): 1862-1866.

[94] YESILYURT U,KANBAZ I,KUZU S. A noniterative convoluted harmonic beamforming technique in time modulated arrays[J]. IEEE Transactions on Antennas and Propagation,2021,69(2): 795-805.

[95] HE C,LIANG X L,BAI X D,et al. Time-domain antenna arrays for future phased array applications[C]. IEEE Antennas and Propagation Society International Symposium,Vancouver,BC,Canada,2015: 814-815.

[96] 贺冲. 时间调制阵列理论与应用研究[D]. 上海: 上海交通大学,2015: 28-46.

[97] YANG J, LI W T, SHI X W. Phase modulation technique for four-dimensional arrays[J]. IEEE Antennas and Wireless Propagation Letters,2014,13: 1393-1396.

[98] SUN C,YANG S W,CHEN Y K,et al. An improved phase modulation technique based on four-dimensional arrays[J]. IEEE Antennas and Wireless Propagation Letters,2016,16: 1175-1178.

[99] NI G, HE C, CHEN J F, et al. Low sideband radiation beam scanning at carrier frequency for time-modulated array by non-uniform period modulation[J]. IEEE Transactions on Antennas and Propagation,2020,68(5): 3695-3704.

[100] TENNANT A, CHAMBERS B. A two-element time-modulated array with direc-

tion-finding properties[J]. IEEE Antennas and Wireless Propagation Letters, 2007,6: 64-65.

[101] TENNANT A, CHAMBERS B. Direction finding using a four-element time switched array system[C]. 2008 Loughborough Antennas and Propagation Conference, Loughborough, UK, 2008: 181-184.

[102] TENNANT A. Experimental two-element time-modulated direction finding array [J]. IEEE Transactions on Antennas and Propagation, 2010, 58(3): 986-988.

[103] LI G, YANG S W, NIE Z P. Direction of arrival estimation in time modulated linear arrays with unidirectional phase center motion[J]. IEEE Transactions on Antennas and Propagation, 2010, 58(8): 1105-1111.

[104] ZHU Q J, YANG S W, YAO R L, et al. Direction finding using multiple sum and difference patterns in 4D antenna arrays[J]. International Journal of Antennas and Propagation, 2014: 1-12.

[105] NI D, YANG S W, CHEN Y K, et al. Direction finding based on TMAs with reconfigurable angle-searching range and bearing accuracy[J]. Electronics Letters, 2017, 53(3): 130-132.

[106] YANG F, YANG S W, SUN L, et al. DOA estimation via sparse signal recovery in 4-D linear antenna arrays with optimized time sequences [J]. IEEE Transactions on Vehicle Technology, 2020, 69(1): 771-783.

[107] HE C, LIANG X L, LI Z J, et al. Direction finding by time modulated array with harmonic characteristic analysis[J]. IEEE Antennas and Wireless Propagation Letters, 2015, 14: 642-645.

[108] HE C, CAO A J, CHEN J F, et al. Direction finding by time-modulated linear array [J]. IEEE Transactions on Antennas and Propagation, 2018, 66 (7): 3642-3652.

[109] HE C, CHEN J F, LIANG X L, et al. High-accuracy DOA estimation based on time-modulated array with long and short baselines[J]. IEEE Antennas and Wireless Propagation Letters, 2018, 17(8): 1391-1395.

[110] CHEN J F, LIANG X L, HE C, et al. Direction finding of linear frequency modulation signal with time modulated array[J]. IEEE Transactions on Antennas and Propagation,2019,67(4): 2841-2846.

[111] CHEN J F, HE C, LIANG X L, et al. Direction finding of linear frequency modulation signal in time modulated array with pulse compression[J]. IEEE Transactions on Antennas and Propagation,2020,68(1): 509-520.

[112] LI W T, LEI Y J, SHI X W. DOA estimation of time-modulated linear array based on sparse signal recovery[J]. IEEE Antennas and Wireless Propagation Letters, 2017,16: 2336-2340.

[113] O'DONNELL A, CLARK W, Ernst J, et al. Analysis of modulated signals for direction finding using time modulated arrays[C]. 2016 IEEE Radar Conference, Philadelphia,PA,USA,2016: 1-5.

[114] LI G, YANG S W, NIE Z P. A study on the application of time modulated antenna arrays to airborne pulsed Doppler radar[J]. IEEE Transactions on Antennas and Propagation,2009,57(5):1578-1582.

[115] NI D, YANG S W, CHEN Y K, et al. A study on the application of subarrayed time-modulated arrays to MIMO radar[J]. IEEE Antennas and Wireless Propagation Letters,2017,16(1): 1171-1174.

[116] CHEN K J, YANG S W, CHEN Y K, et al. LPI beamforming based on 4-D antenna arrays with pseudorandom time modulation[J]. IEEE Transactions on Antennas and Propagation,2019,68(3): 2068-2077.

[117] CHEN K J, YANG S W, CHEN Y K, et al. Transmit beamforming based on 4-D antenna arrays for low probability of intercept systems[J]. IEEE Transactions on Antennas and Propagation,2020,68(5): 3625-3634.

[118] CHEN K J, XIE C M, YANG F, et al. Integrated radar and communication design with low probability of intercept based on 4-D antenna arrays[J]. IEEE Transactions on Antennas and Propagation,2022,70(9): 8496-8506.

[119] BAGHDADY E J. Directional signal modulation by means of switched spaced an-

tennas[J]. IEEE Transactions on Communications,1990,38(4): 399-403.

[120] BABAKHANI A, RUTLEDGE D B, HAJIMIRI A. Transmitter architectures based on near-field direct antenna modulation[J]. IEEE Journal of Solid-State Circuits,2008,43(12): 2674-2692.

[121] DALY M P,BERNHARD J T. Directional modulation technique for phased arrays [J]. IEEE Transactions on Antennas and Propagation,2009,57(9): 2633-2640.

[122] SHI H Z, TENNANT A. Simultaneous, multichannel, spatially directive data transmission using direct antenna modulation[J]. IEEE Transactions on Antennas and Propagation,2014,62(1): 403-410.

[123] DING Y, FUSCO V F. A vector approach for the analysis and synthesis of directional modulation transmitters[J]. IEEE Transactions on Antennas and Propagation,2014,62(1): 361-370.

[124] DING Y, FUSCO V. Orthogonal vector approach for synthesis of multi-beam directional modulation transmitters[J]. IEEE Antennas and Wireless Propagation Letters,2015,14: 1330-1333.

[125] HU J S, SHU F, LI J. Robust synthesis method for secure directional modulation with imperfect direction angle[J]. IEEE Communication Letters, 2016, 20(6): 1084-1087.

[126] HONG T, SONG M Z, LIU Y. RF directional modulation technique using a switched antenna array for physical layer secure communication applications[J]. Progress in Electromagnetics Research,2011,116: 363-379.

[127] HONG T, SONG M Z, LIU Y. RF Directional modulation technique using a switched antenna array for communication and direction-finding applications[J]. Progress in Electromagnetics Research,2011,120: 195-213.

[128] HONG T, SONG M Z, LIU Y. Dual-beam directional modulation technique for physical-layer secure communication[J]. IEEE Antennas and Wireless Propagation Letters,2011,10: 1417-1420.

[129] ZHU Q J, YANG S W, YAO R L, et al. Directional modulation based on 4-D an-

tenna arrays[J]. IEEE Transactions on Antennas and Propagation,2014,62(2): 621-628.

[130] ROCCA P,ZHU Q J,Bekele E T,et al. 4-D arrays as enabling technology for cognitive radio systems[J]. IEEE Transactions on Antennas and Propagation, 2014,62(3): 1102-1116.

[131] DING Y,FUSCO V,ZHANG J Q,et al. Time-modulated OFDM directional modulation transmitters[J]. IEEE Transactions on Vehicular Technology,2019,68 (8): 8249-8253.

[132] GUO J X,POLI L,HANNAN M A,et al. Time-modulated arrays for physical layer secure communications: optimization-based synthesis and experimental assessment[J]. IEEE Transactions on Antennas and Propagation,2018,66(12): 6939-6949.

[133] SUN C,YANG S W,CHEN Y K,et al. 4-D retro-directive antenna arrays for secure communication based on improved directional modulation[J]. IEEE Transactions on Antennas and Propagation,2018,66(11): 5926-5933.

[134] CHEN K J,YANG S W,CHEN Y K,et al. Hybrid directional modulation and beamforming for physical layer security improvement through 4-D antenna arrays [J]. IEEE Transactions on Antennas and Propagation,2021,69(9): 5903-5912.

[135] CHEN K J,YANG S W,YANG D Q,et al. Efficient secure communication in 4-D antenna arrays through joint space-time modulation[J]. IEEE Transactions on Antennas and Propagation,2022,70(8): 7046-7056.

[136] QU C H,CHEN K J,LONG W J,et al. A vector modulation approach for secure communications based on 4-D antenna arrays[J]. IEEE Transactions on Antennas and Propagation,2022,70(5): 3723-3732.

[137] HUANG G J,DING Y,OUYANG S. Multi-carrier directional modulation symbol synthesis using time-modulated phased arrays[J]. IEEE Antennas and Wireless Propagation Letters,2021,20(4): 567-571.

[138] SUN C,YANG S W,CHEN Y K,et al. Realization of multiple orbital angular mo-

mentum modes simultaneously through four-dimensional antenna arrays[J]. Scientific Reports, 2018, 8(1): 149.

[139] HE C, LIANG X L, ZHOU B, et al. Space-division multiple access based on time-modulated array[J]. IEEE Antennas and Wireless Propagation Letters, 2015, 14: 610-613.

[140] GONZÁLEZ-COMA J P, MANEIRO-CATOIRA R, CASTEDO L. Hybrid precoding with time-modulated arrays for mmWave MIMO systems[J]. IEEE Access, 2018, 6: 59422-59437.

[141] 陈峤羽. 单边带时间调制相控阵和低剖面超宽带对数周期阵列天线研究[D]. 南京: 南京理工大学, 2020: 18-19.

[142] ZHANG Q F, LI H. MOEA/D: A multiobjective evolutionary algorithm based on decomposition[J]. IEEE Transactions on Evolutionary Computation, 2007, 11(6): 712-731.

[143] 陈益凯. 基于四维天线理论和强互耦效应的阵列天线技术研究[D]. 成都: 电子科技大学, 2011: 22-44.

[144] 汪承慧. 基于特征模理论的机载低频天线及低散射天线技术研究[D]. 成都: 电子科技大学, 2020: 43-44.

[145] MEHARI M T, POORTER E D, COUCKUYT I, et al. Efficient identification of a multi-objective Pareto front on a wireless experimentation facility[J]. IEEE Transactions on Wireless Communications, 2016, 15(10): 6662-6675.

[146] Connphy Microwave Inc. Digital Control PIN Attenuator CDAT-6G18G-64-8 Datasheet[EB/OL]. 2008-07-15, http://www.connphy.com/Templates/cn/Download/D-Control%20Attenuator/CDAT-6G18G-64-8.pdf.

[147] Connphy Microwave Inc. 6-Bit Digital Phase Shifter CDPS-6G18G-360-6 Datasheet[EB/OL]. 2008-07-15, http://www.connphy.com/Templates/cn/Download/Manual%20Phase%20Shifter/-CDPS/CDPS-6G18G-360-6.pdf.

[148] 孙超. 空时四维天线阵在无线通信领域的应用基础研究[D]. 成都: 电子科技大学, 2019: 62-63.

[149] COATS R P. An octave-band switched-line microstrip 3-b diode phase shifter[J]. IEEE Transactions on Microwave Theory and Techniques, 1973, 21(7): 444-449.

[150] Analog Devices. Silicon SPDT Switch Data Sheet ADRF5020 [EB/OL]. 2016-05-13, http://www.analog.com/media/en/technicaldocumentation/datasheets/ADRF5020.pdf.

[151] BENSKY A. Short-range wireless communication[M]. Oxford: Newnes, 2019: 20-23.

[152] KELLEY D F, STUTZMAN W L. Array antenna pattern modeling methods that include mutual coupling effects[J]. IEEE Transactions on Antennas and Propagation, 1993, 41(12): 1625-1632.

[153] 安永旺, 徐良, 段文齐. 战场电磁空间态势感知行动控制问题研究[C]. 第十届中国指挥控制大会, 北京, 中国, 2022: 369-374.

[154] NI G, HE C, GAO Y C, et al. High-efficiency modulation and harmonic beam scanning in time-modulated array[J]. IEEE Transactions on Antennas and Propagation, 2023, 71(1): 368-380.

[155] 段哲民. 信号与系统[M]. 北京: 电子工业出版社, 2008: 81-82.

[156] COSTAS J P. Design of broadside arrays using iterative interpolation techniques[R]. Syracuse: General Electric Company Syracuse NewYork Military Electronic Systems Operation, 1980.

[157] GAUTSCHI W. Numerical analysis[M]. Springer Science & Business Media, 2011: 101-110.

[158] WHEELER H. Simple relations derived from a phased-array antenna made of an infinite current sheet[J]. IEEE Transactions on Antennas and Propagation, 1965, 13(4): 506-514.

[159] MACOM. MADP-000907-14020x Solderable AlGaAs Flip Chip PIN [EB/OL]. 2022-10-01, https://cdn.macom.com/datasheets/MADP-000907-14020x.pdf.

[160] MANEIRO-CATOIRA R, BREGAINS J, GARCIA-NAYA J A, et al. Time-modulated array beamforming with periodic stair-step pulses[J]. Signal Processing,

2020,166:107247.

[161] MUKHERJEE A, FAKOORIAN S A A, HUANG J, et al. Principles of physical layer security in multiuser wireless networks: A survey[J]. IEEE Communications Surveys & Tutorials,2014,16(3):1550-1573.

[162] SHANNON C E. Communication theory of secrecy systems[J]. The Bell System Technical Journal,1949,28(4):656-715.

[163] WYNER A D. The wire-tap channel[J]. Bell System Technical Journal,1975,54(8):1355-1387.

[164] ALOTAIBI N N, HAMDI K A. Switched phased-array transmission architecture for secure millimeter-wave wireless communication[J]. IEEE Transactions on Communications,2016,64(3):1303-1312.

[165] WEI Z X, MASOUROS C, LIU F. Secure directional modulation with few-bit phase shifters: optimal and iterative-closed-form designs[J]. IEEE Transactions on Communications,2021,69(1):486-500.

[166] LI J Y,XU L,LU P,et al. Performance analysis of directional modulation with finite-quantized RF phase shifters in analog beamforming structure[J]. IEEE Access,2019,7:97457-97465.

[167] CHEN Y K, YANG S W, NIE Z P. The application of a modified differential evolution strategy to some array pattern synthesis problems[J]. IEEE Transactions on Antennas and Propagation,2008,56(7):1919-1927.

[168] 刘羽. 基于混沌理论的图像加密技术及其密码分析研究[D]. 湖南:湖南大学, 2021:1-2.

[169] 张建树,菅忠,于学文. 混沌生物学[M]. 北京:科学出版社,2006:1-40.

[170] LI T Y, YORKE J A. Period three implies chaos[J]. The theory of chaotic attractors,2004:77-84.

[171] MAY R M. Simple mathematical models with very complicated dynamics[J]. Nature,1976,261:459-467.

[172] PHATAK S C, RAO S S. Logistic map: A possible random-number generator[J].

Physical Review E,1995,51(4): 3670-3678.

[173] DIFFIE W, HELLMAN M. New directions in cryptography[J]. IEEE Transactions on Information Theory,1976,22(6): 644-654.

[174] COVER T M, THOMAS J A. Elements of information theory[M]. 2nd ed, Hoboken, John Wiley & Sons, 2006: 16-17.

[175] STREHL A, GHOSH J. Cluster ensembles-a knowledge reuse framework for combining multiple partitions[J]. Journal of machine learning research, 2002, 3(12): 583-617.

[176] QU G H, ZHANG D L, YAN P F. Information measure for performance of image fusion[J]. Electronic Letters, 2002, 38(7): 313-315.

[177] 冯雅栋. 宽带相控阵稳健波束形成与干扰抑制算法研究[D]. 成都: 电子科技大学, 2021: 5-9.